铅循环产业链信息管理

刘林娣　梁福明　王喜富　著

中国科学技术出版社
·北京·

图书在版编目(CIP)数据

铅循环产业链信息管理/刘林娣,梁福明,王喜富著. —北京:
中国科学技术出版社,2015.6
ISBN 978 - 7 - 5046 - 6803 - 5

Ⅰ. ①铅… Ⅱ. ①刘… ②梁… ③王… Ⅲ. ①铅 - 废物综合
利用 - 产业链 - 信息管理 Ⅳ. ①X758

中国版本图书馆 CIP 数据核字(2015)第 113412 号

责任编辑	付万成
封面设计	小　夏
责任校对	韩　玲
责任印制	张建农

出　　版	中国科学技术出版社
发　　行	科学普及出版社发行部
地　　址	北京市海淀区中关村南大街 16 号
邮　　编	100081
发行电话	010 - 62103356
传　　真	010 - 62179148
投稿电话	010 - 62103165
网　　址	http://www.cspbooks.com.cn

开　　本	787mm×1092mm　1/16
字　　数	300 千字
印　　张	11.75
版　　次	2015 年 7 月第 1 版
印　　次	2015 年 7 月第 1 次印刷
印　　刷	北京盛通印刷股份有限公司

书　　号	ISBN 978 - 7 - 5046 - 6803 - 5/X·124
定　　价	48.00 元

内容提要

    本书通过对全产业链铅资源循环利用业务过程分析，构建了由核心业务、辅助业务、增值业务构成的铅循环产业链业务体系；基于铅资源回收利用运营管理需求，设计了铅资源循环利用回收网络布局及运营方案。在分析信息技术对铅资源循环利用业务流程及业务体系影响的基础上，构建了全产业链铅资源循环利用信息服务平台架构及应用技术架构。在对铅资源循环利用运营管理与控制、"铅足迹"循环链运营管理等业务应用分析的基础上，提出了全产业链铅资源循环利用公共服务平台的建设布局、业务系统及建设内容与功能，并对其相关的信息管理系统进行了规划与设计。

    本书结构合理、层次清晰、图文并茂、实用性强，将基础知识、关键技术与实际应用及运营管理紧密结合，有助于推动全产业链铅资源循环利用信息管理技术普及，有助于提升传统铅产业贸易模式，推进铅产业电子商务与物流管理，促进铅产业链的有序、规范发展。本书不仅可以作为高等学校信息化相关专业的教学参考书，也适合于锂离子电池回收、氢镍电池回收、镉镍电池回收、含汞电池回收以及危废管理，也可作为危险货物物流安全管理及物流企业技术人员与管理者的重要参考书。

前　言

新一代信息技术作为战略新兴产业是国家未来重点扶持的对象,其中信息技术被确立为七大战略性新兴产业之一,将被重点推进。新一代信息技术分为六个方面,分别是下一代通信网络、物联网、三网融合、新型平板显示、高性能集成电路和以云计算为代表的高端软件。信息技术的应用将有助于实现铅资源产业的自动化、可视化、可控化、智能化、网络化,从而提高铅产业资源利用率和生产创新服务模式。这一系列的技术发展有助于我国企业或行业降低成本,加速产业发展,同时为铅循环产业链信息管理提供了宝贵的技术基础。

我国铅资源市场规模庞大,近年来精铅、铅酸蓄电池的生产量与消费量均位列世界第一,但铅资源循环利用信息化管理水平低,产业发展现状中仍然存在一些问题。铅资源循环利用过程主要包括"铅开采、铅生产、铅销售、铅应用、铅回收、铅再生"等环节。其中出现的主要问题有:我国铅精矿产量大但品位低,每年还需要大量进口优质铅精矿;随着我国汽车、通信、电力、交通等行业快速发展,对原生铅的需求量在逐年增加;我国铅酸蓄电池工业产能分散,管理体制落后,环境污染严重;现阶段国家认证许可经营的铅蓄电池回收企业很少,小型非法回收商回收量较小,交易不规范,污染环境严重;再生铅大部分来自于没有正规手续的小型企业,同样存在耗能高、污染重的问题。

虽然我国已经成为全球最大的铅酸蓄电池生产国、出口国和消费国,但是作为铅资源重要来源的废铅酸蓄电池的回收再利用还处于粗放式发展、分散式经营的无序状态,铅资源循环利用过程及各业务环节信息化管理水平较低,运营管理与业务流程相互脱节,铅资源循环利用状况与企业管理无序分散,形成大量的信息孤岛。因此,有必要进行铅资源循环利用信息服务平台建设和开发,实现铅资源循环利用信息化管理及智能化管控,提高我国的铅资源循环利用水平。

作为铅循环产业链信息管理最早的研究者和倡导者之一,作者针对我国铅循环产业链及各业务环节信息化管理水平较低,运营管理与业务流程相互脱节,铅资源循环利用体制机制与企业管理无序分散,形成大量的信息孤岛,资源获取与可用性差、信息交换及共享十分困难的技术现状,展开了相关课题的技术与理论研究。本书依托将来铅资源循环利用过程中建立的回收网络及回收体系,北京交通大学王喜富教授与山西吉天利集团刘林娣董事长及梁福明总经理于2012年开始与相关企业合作构建铅资源循环利用运营管控信息平台,有助于实现"铅足迹"循环链的综合管理和铅资源循环利用的运营管控,促进铅循环产业朝着有序、集约、规范、高效的市场化、规模化、产业化、现代化的方向发展。

本书作者正是围绕当前环境下我国铅循环产业链信息管理的变革展开了积极的探索和深入研究。本书通过分析铅资源循环利用及其信息服务平台的建设背景,结合信息服务平台的建设基础及需求分析,对铅资源循环利用业务体系及业务流程进行了调查分析及设计。结合铅资源循环利用体系运营分析,提出了山西省乃至全国的废铅酸蓄电池回收网点数量规划分析与设计。基于铅资源循环利用体系业务及运营需求,设计了铅资源循环利用信息服务平台建设的主要内容及总体设计方案。通过对信息平台建设关键技术研究,构建并设计了"铅足迹"循环链综合管理平台以及铅资源循环利用运营管控平台应用系统,并对平台建设所需软硬件配置,信息服务平台的实施与管理,平台质量保证等内容进行了详细的论述。本书的主体内容包括以下几方面:

(1)铅资源循环利用信息服务平台建设背景;

(2)信息服务平台建设基础及需求分析;

(3)铅资源循环利用业务体系及流程分析;

(4)铅资源循环利用体系运营及逆向物流回收方案设计;

(5)铅资源循环利用体系业务及运营分析;

(6)平台建设主要内容及系统功能设计;

(7)信息服务平台建设关键技术;

(8)平台应用系统设计;

(9)平台软硬件配置、项目实施与管理及培训服务。

本书写作过程中,作者将理论紧密结合实际,多次到政府部门、行业管理部门、相关企业进行业务调研,同时综合了众多行业技术人员和该领域专家的意见。在此向相关企业领导和专家致以衷心的感谢,感谢他们的热情帮助和对作者提出的宝贵意见。参加本书编写的还有张文瀛、卢思超、石亮、刘晓光、吴婉晶、代鲁峰、樊浩坤、吕阳、崔海阔、白世梅、刘敏等。

由于作者水平及时间有限,加上铅资源循环产业发展迅速,相关技术和管理理念不断翻新,书中难免有疏漏和不足之处,敬请专家和读者批评指正。

作　者
2015 年 1 月于北京

目 录

第1章　铅循环产业链信息服务平台建设背景

1.1　信息服务平台概述

近年来,我国成为全球最大的铅酸蓄电池生产国和出口国,也是最大的消费国,铅资源需求量大。而作为铅资源重要来源和补充的废铅酸蓄电池的回收再利用还处于粗放式发展、分散式经营的无序状态,铅资源循环利用过程及各业务环节信息化管理水平较低,运营管理与业务流程相互脱节,铅资源循环利用状况与企业管理无序分散,形成大量的信息孤岛。因此,有必要进行铅资源循环利用信息服务平台建设和开发,实现铅资源循环利用信息化管理及智能化管控,提高我国的铅资源循环利用水平。

基于铅资源循环利用的正、逆向流程,针对目前国内铅资源循环利用现状,结合我国铅矿石、精铅、铅酸蓄电池的产销以及废铅酸蓄电池回收利用情况,应用系统综合集成技术、系统架构技术以及云计算技术等,综合考虑流程信息化以及运营信息化,构建铅资源循环利用信息服务平台。

铅资源循环利用信息服务平台从全国性大平台和区域性子平台两个角度入手,建立基于"铅开采、铅冶炼、铅销售、铅应用、铅回收、铅再生"循环利用各环节的信息系统,包括"铅足迹"循环链综合管理平台和铅资源循环利用运营管控平台两个子平台,解决铅资源循环利用过程的综合管理以及铅资源循环利用业务的运营管控。服务平台框架如图1-1所示。

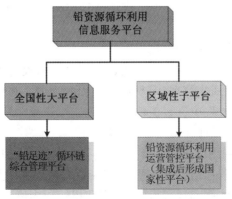

图1-1　服务平台框架

通过铅资源循环利用信息服务平台的建设与应用,对铅资源在"铅开采、铅生产、铅销售、铅应用、铅回收、铅再生"等流转环节进行有效的信息化监管,实现铅资源循环利用过程中物流、信息流、资金流以及环保信息的综合管理,解决国内铅资源回收再利用无序运营等相关问题,形成"生产 – 销售 – 消费 – 回收(以旧换新)– 再生利用"的良性循环过程,提升铅资源循环利用水平,促进铅产业链健康、规范、可持续发展。

1.2 信息服务平台建设目标与意义

1.2.1 平台建设目标

本书通过铅资源循环利用体系的信息化建设,构建"铅足迹"循环链综合管理平台和铅资源循环利用运营管控平台,实现铅生命全周期资源循环利用产业链的综合管理和铅资源循环回收利用业务的运营管控,进而实现铅资源流转过程的信息化管理,提高铅资源循环利用率。具体目标如下:

(1)为"铅足迹"循环链综合管理提供信息化支撑

通过铅资源循环利用体系信息化建设,构建"铅足迹"循环链综合管理子平台,结合相应的信息系统,针对铅资源循环链中涉及的相关企业,采集其生产运营信息,对循环链中企业铅资源的流入、流出信息进行管理,为政府相关管理部门、行业管理部门进行综合监管与市场规范化管理提供必要的信息化支撑。

(2)为铅资源循环利用运营管控提供智能化支撑

通过铅资源循环利用体系信息化建设,构建铅资源循环利用运营管控子平台,结合相应的信息系统,针对铅资源循环利用运营过程,采集铅酸蓄电池的仓储运输信息、回收信息等,通过相关主体业务运营的信息共享,形成准确、高效流通的信息流,实现铅资源循环利用业务的信息化监管,为铅资源循环利用运营管控提供智能化支撑。

(3)实现"铅足迹"循环链全过程管理

铅资源循环利用信息服务平台按照铅产业链的流动方向,通过采集循环链中相关企业的生产信息、销售信息、回收信息等,对铅资源从开采、冶炼、铅应用到回收、再利用整个流程进行管控,实现铅资源流转过程的信息化监管,完成"铅足迹"循环产业链全生命周期过程管理。

(4)实现铅资源循环利用运营精细化管控

铅资源循环利用信息服务平台通过对废铅酸蓄电池回收过程中仓储与库存、运输与配送等业务环节的监管,统计回收数据,实现运营过程的管理。并且,通过回收费用与结算管理系统实现在铅资源运营过程中资金流的管理,完成铅资源循环过程中业务的监管和资金流的管理,最终实现铅资源循环利用运营精细化管控。

(5)实现铅资源循环利用信息综合管控,提高铅资源循环利用率

通过建立铅资源循环利用信息服务平台,对铅资源循环利用业务体系进行综合管控,建立规范的废铅蓄电池回收体系和运行机制,改变和扭转国内废铅蓄电池回收市场和再生铅行业无序化运营的状态,优化铅资源循环利用产业链,提高铅资源回收率与再利用率,进而

实现铅资源循环利用率的提高,提升铅循环产业发展水平。

(6)实现铅资源可持续利用,发展循环经济

循环经济要求"控制消耗天然资源,尽量减轻环境负荷",实现"资源 – 商品 – 再生资源"的闭环循环模式,达到环境效益、经济效益、社会效益的统一。本项目通过铅资源循环利用体系信息化建设,实现铅资源循环链正、逆向流程的闭合管理,提高铅资源循环利用率,形成"生产 – 消费 – 回收 – 再生利用"的良性循环模式,实现铅资源可持续利用,发展循环经济。

1.2.2 平台建设意义

为了改变我国铅资源回收再利用的无序运营现状,应用相关技术,构建铅资源循环利用体系信息化服务平台,实现"铅足迹"循环链综合管理和铅资源循环利用运营管控。对提高铅资源循环利用水平,实现铅资源循环利用精细化管理,促进铅产业可持续发展具有如下几点重要意义:

(1)实现铅资源循环利用信息化管理,提高铅资源循环利用水平

铅资源循环利用体系信息化建设通过构建"铅足迹"循环链综合管理平台和铅资源循环利用运营管控平台,实现铅资源循环链的信息化监管和铅资源循环运营业务的信息化管控,进而实现整个铅资源循环利用过程的信息化管理,提高铅资源循环利用水平。

(2)构建铅资源循环利用信息服务平台,提高铅资源循环利用规模化效益

通过对铅资源循环利用现状的研究,依据相关政策,构建铅资源循环利用信息服务平台,设计合理的业务系统,实现铅资源循环利用运营过程的信息化管控,规范铅资源回收市场,促进铅资源回收市场良性发展,产生规模化经济和环境效益,促进行业健康有序发展。

(3)通过信息服务平台支撑,促进我国铅产业的可持续发展

通过对铅资源循环利用体系及其业务的研究,建立铅资源循环利用信息服务平台,对我国铅资源在生产领域、消费领域、回收与利用领域综合管控,实现整个铅产业链的闭合管理,形成"生产 – 消费 – 回收 – 再生利用"的良性循环模式,有利于促进铅产业的规范健康可持续发展。

(4)有利于国家关于再生铅行业发展规划目标的实现

工信部、环保部等五部门提出,到 2015 年我国废铅酸蓄电池的回收和综合利用率达到90%以上,铅循环再生比重超过 50%。通过铅资源循环利用信息服务平台的建设,实现铅资源循环链综合管理以及铅资源循环利用运营管控,优化铅资源循环利用产业链,提高铅资源回收率与再利用率,提升铅资源循环利用水平,有利于国家关于再生铅行业发展规划目标的实现。

(5)建设信息化铅资源循环利用体系,提升环境效益

通过铅资源循环利用信息服务平台的建设,结合相应的业务系统,实现铅资源流转过程的信息化监管,提高铅资源回收利用率,改变国内铅酸蓄电池回收市场混乱、技术水平低的现状,减少铅资源循环利用过程中对环境的污染,合理安排配置铅资源,规范市场,提升环境效益。

1.3　本章小结

　　本章通过对国内外铅资源循环利用的现状研究,结合建立基于"铅开采—铅冶炼、铅销售、铅应用、铅回收、铅再生"循环利用各环节的信息系统,讨论了构建铅资源循环利用信息服务平台的必要性,分析了实现铅资源循环链的综合管理和铅资源循环业务的运营管控,进而实现铅资源流转过程的信息化管理的目标,对于提高铅资源循环利用水平,实现铅资源循环利用精细化管理,促进铅产业可持续发展具有重要意义,为构建并实现铅资源循环利用信息服务平台提供了指导。

参考文献

[1]肖隆平.急需建立铅回收监控系统[J].中国经济和信息化,2012(13):41-42.

[2]宋华晶,占夏欢.浅析我国废旧电池回收处理中的不足与解决措施[J].城市建设理论研究(电子版),2013(12).

[3]任鸣鸣,刘运转.废旧电池回收模式研究[J].工业技术经济,2007,26(9):16-18.DOI:10.3969/j.issn.1004-910X.2007.09.005.

[4]解菲.我国废旧电池逆向物流模式研究[D].北京工商大学,2007.

[5]李金惠,聂永丰,白庆中,等.中国废铅蓄电池回收利用现状及管理对策[J].环境保护,2000(4):40-42.DOI:10.3969/j.issn.0253-9705.2000.04.016.

[6]许晓明.废旧电池的回收与处理探析[C].//第八届全国电动自行车信息交流年会论文集.2004:142-150.

[7]蔡明.废旧电池回收方案探究[J].环境卫生工程,2010,18(2):11-12.DOI:10.3969/j.issn.1005-8206.2010.02.004.

[8]冯涛.废铅回收面临的问题及对策建议[J].中国资源综合利用,2009,27(9):10-11.

[9]张保国.如何看待铅污染和铅酸蓄电池产业的发展[J].电动自行车,2011(10):5-8.

[10]Dauid N. Wilson.全球铅回收发展趋势(上)[J].有色金属再生与利用,2006(12):32-34.

[11]陈扬,张正洁,翟永洪,等.国内废铅蓄电池铅回收业二英控制技术初探[J].蓄电池,2013(4):165-170.

[12]肖隆平.急需建立铅回收监控系统[J].中国经济和信息化,2012(13):41-42.

[13]王淑玲.世界铅资源形势分析[J].国土资源情报,2004(6):28-36.

[14]马茁卉.我国铅资源供需形势及保证程度研究[J].中国矿业,2013,(z1):12-16.

[15]废旧蓄电池中再生铅资源的回收利用[J].中国资源综合利用,2012,30(10):7.

[16]曾润,毛建素.2005年北京市铅的使用蓄积研究[J].环境科学与技术,2010,33(8):49-52.

第2章 信息服务平台建设基础及需求分析

2.1 铅资源循环利用信息化建设基础

通过对我国铅资源循环利用现状的分析,结合铅资源循环利用正逆向流程,构建相应的信息服务平台,进行铅资源循环利用体系信息化建设。信息化建设现状及基础分析如下:

2.1.1 信息化建设现状分析

铅资源循环利用信息化主要解决"铅足迹"循环链的综合管理和铅资源循环利用的运营管控。西方发达国家在废铅酸蓄电池的回收和再利用方面已具备规模化的运行管控模式,其回收利用率基本达到100%,铅资源循环利用体系建设比较成熟。然而,基于国情和体制的区别,发达国家的铅资源循环利用模式不能直接应用于我国铅资源循环利用体系信息化建设中。

目前国内关于铅资源循环利用体系信息化的建设尚未正式启动,现有回收网络及回收方式与体制机制还不够规范和健全,没有形成规范性的回收网络与体系,铅产业没有形成"铅开采、铅生产、铅销售、铅应用、铅回收、铅再生"的良性循环模式;此外,国内市场上现有的铅酸蓄电池部分采用条形码或二维码,但尚未采用 RFID 标签等,回收再利用过程中无法实现每块电池的信息追溯。铅资源循环利用信息服务平台建设的空白导致管理部门在对铅资源进行管控的过程中,无法实时掌握铅酸蓄电池的生产、销售、回收、运输、存放、再生情况,对"铅足迹"难以监管;而铅资源循环利用运营中的各类企业由于业务信息不能共享,导致供需信息发布和搜索成本大,影响到协同运营。

2.1.2 信息化建设基础分析

铅资源循环利用信息服务平台建设以吉天利循环经济科技产业园区为依托来实施,作为国家工业和信息化部授予的铅资源循环利用体系建设的试点单位,园区具备了平台建设的基本条件。

吉天利循环经济科技产业园区拥有夯实的产业基础优势,园区企业吉天利科技有限公司在国内首创了废铅酸蓄电池清洁生产闭合循环产业链,引进了先进的技术工艺和生产装备以及配套的环保设施,在行业内具有引领示范作用。园区在 2013 年被国家发改委、财政部列为国家"城市矿产"示范基地,探索并构建适合我国铅资源循环利用规模化经营的体系模式。

吉天利循环经济科技产业园拥有先进的技术装备和产业基础,具备了铅资源循环利用体系建设的基本条件,依托正在筹建的回收网络,构建铅资源循环利用信息服务平台,有助于实现"铅足迹"循环链的综合管理和铅资源循环利用的运营管控,促进铅循环产业朝着环保、有序、集约、规范、高效的市场化、规模化、产业化、现代化的方向发展。

2.2 平台需求分析

本书针对铅资源循环利用所涉及的管理部门和涉铅企业,结合业务及技术需求,进行铅资源循环利用体系信息化建设,实现"铅足迹"循环链综合管理以及铅资源循环利用运营管控。此外,信息服务平台的建设还涉及平台的一些非功能性需求。因此,平台需求分析可分为用户需求分析、功能需求分析、技术需求分析和非功能性需求分析四个方面,具体如图2-1所示。

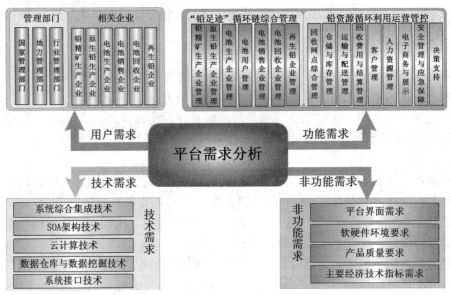

图 2-1　平台需求分析

2.2.1 平台用户需求分析

铅资源循环利用信息服务平台的建设主要针对铅资源循环利用涉及的相关行业用户群体,包括管理部门和相关企业。通过对铅资源流转环节的全过程监管以及铅资源循环利用的业务信息管理,实现"铅足迹"循环链的综合管理以及铅资源循环利用的运营管控,进而实现铅产业链的环保、规范、高效、循环可持续发展。具体需求如下:

(1)管理部门需求分析

铅资源循环利用的管理部门包括国家管理部门、地方管理部门以及行业管理部门。国家管理部门针对铅资源循环利用的全过程,通过信息服务平台实现对全国范围内"铅足迹"循环链中铅流量、流向的监管,完成对铅资源流转过程中的流入流出信息的管控,从宏观上把握和分析铅资源循环利用的总体情况,实现铅产业循环链的全过程管理,并为制订相关政策法规提供参考依据;地方管理部门以国家管理部门制订的政策为依据,通过信息服务平台为区域内铅资源循环利用的监管提供技术支持,实现本区域内"铅足迹"循环链的综合管理,掌握本区域内铅资源的流转信息,结合本区域铅资源循环利用实际情况,制订相关政策;行业管理部门通过信息服务平台实现对"铅开采、铅冶炼、铅仓储、铅运输、铅销售、铅应用(电池生产)、铅(废电池)回收、铅再生"等流转环节的信息化监管,掌握铅资源回收再利用情况,对企业的生产、运营进行信息化管控,结合科学的预测、分析,制订行业管理办法以及发展规划等。同时,管理部门通过信息服务平台实时发布政策法规、管理办法、规划标准、资源配置等信息。

(2)相关企业需求分析

铅资源循环利用体系信息化建设过程业务涉及"铅开采、铅生产、铅销售、铅应用、铅回收、铅再生"等铅产业循环链的各个环节,涉及的企业包括铅精矿生产企业、原生铅生产企业、电池生产企业、电池销售企业、电池物流企业、电池回收企业以及再生铅企业,需要相关企业参与并提供信息支持。基于企业业务流程,结合铅资源循环利用运营过程,分析关联企业业务,具体需求如下:

1)铅精矿生产企业信息需求分析。铅精矿生产企业针对信息服务平台的具体需求,可作为信息服务平台的用户或者为信息服务平台提供企业基础信息、铅精矿开采信息以及销售信息。

2)原生铅生产企业信息需求分析。原生铅生产企业针对信息服务平台的具体需求,可作为信息服务平台的用户或者为信息服务平台提供企业基础信息、铅冶炼生产信息、铅精矿采购信息以及精炼金属铅与合金铅销售信息。

3)电池生产企业信息需求分析。电池生产企业针对信息服务平台的具体需求,可作为信息服务平台的用户或者为信息服务平台提供企业基础信息、铅蓄电池生产信息、金属铅或合金铅采购信息以及销售信息。此外,电池生产企业需要通过平台进行结算,实现资金流的流通,保证利润分配。

4)电池销售企业信息需求分析。电池销售企业针对信息服务平台的具体需求,可作为信息服务平台的用户或者为信息服务平台提供企业基础信息、纯铅与合金铅采购信息以及铅蓄电池(或极板)销售信息。同时通过信息服务平台实现电子商务及商品展示。此外,电池生产企业需要通过平台进行结算,实现资金流的流通,保证利润分配。

5)电池回收企业信息需求分析。电池回收企业针对信息服务平台的具体需求,可作为信息服务平台的用户或者为信息服务平台提供企业基础信息、废电池回收信息,而且需要通过信息服务平台对废电池从回收网点到回收中心的仓储、运输业务进行监管,实现整个回收过程的运营管控。同时,回收企业需要通过平台进行结算,实现资金流的流通,保证利润分配。电池生产企业依托销售网络形成回收网络,通过以旧换新回收废电池,需要通过信息服务平台,统计废电池回收以旧换新的比例提升进展情况。

6)再生铅企业信息需求分析。再生铅企业针对信息服务平台的具体需求,可作为信息服务平台的用户或者为信息服务平台提供企业基础信息、再生铅生产信息、废电池采购信息以及再生铅销售信息,同时,通过信息服务平台对回收企业的回收信息进行监管。此外,再生铅企业需要通过平台进行结算,实现资金流的流通,保证利润分配。

7）企业含铅废物产排与环保信息需求分析。从铅足迹，或者从铅供需平衡考虑，还需要包括含铅"三废"产排与环保信息需求分析。三废中铅的产排量则需要根据产品、工艺、末端处理差异，依据产品产量和污染物产排系数（或依据企业现场监测报告），评估区域或企业固体废物、废水和废气中铅产排总量、酸雾产排总量。

2.2.2　平台功能需求分析

本书从流程信息化和运营信息化两个角度入手，依托信息服务平台构建相应的业务管理系统，对铅资源循环利用体系进行信息化建设，实现"铅足迹"循环链的综合管理功能和铅资源循环利用的运营管控功能。功能需求具体如下：

（1）"铅足迹"循环链综合管理功能需求

"铅足迹"循环链涉及"铅生产、铅销售、铅应用、铅回收、铅再生"五个环节，完成五大环节的正常运营需要铅产业相关企业参与，企业主要包括铅精矿生产企业、原生铅生产企业、电池生产企业、电池销售企业、电池回收企业以及再生铅企业。具体管理功能需求如下：

1）铅精矿生产企业管理。铅资源循环利用信息服务平台针对铅精矿生产企业进行企业基础信息、生产信息、销售信息的管理，实现企业生产规模、铅矿开采量、铅精矿的销售量及销售去向等信息的采集，并进行统计分析。铅精矿进口商归类在铅精矿生产企业范围。

2）原生铅生产企业管理。信息服务平台针对原生铅生产企业进行企业基础信息、采购信息、生产信息以及销售信息的管理，实现企业生产规模、铅精矿采购量、原生铅生产量、原生铅销售量及销售去向等信息的采集，并进行统计分析。废电池铅膏采购贸易归类或参照铅精矿统计分析。

3）电池生产企业管理。电池生产企业分为三类：单一极板加工、单一采购极板组装电池，以及极板加工与电池组装完整生产。针对电池生产企业，信息服务平台进行企业基础信息、采购信息、生产信息以及销售信息管理，实现企业生产运营规模、原生铅及再生铅采购量、电池（或极板）生产量、电池（或极板）销售量及销售去向等信息的采集，并进行统计分析。实现极板采购量、电池组装产量与销售去向等信息的采集与统计分析。铅蓄电池和含铅零配件（如极板）进口商归类在生产企业范围。铅炭电池或超级电容器归入铅蓄电池统计范围。

4）电池销售企业管理。针对电池销售企业，信息服务平台进行企业基础信息、采购信息以及销售信息管理，实现企业经营规模、电池采购量及采购来源、电池销售量及销售去向等信息的采集，并进行统计分析。电池生产企业委托另一企业定牌代加工，在电池产量中应区别分开，与铅污染物产排总量统计所对应。企业应通过以旧换新方式销售电池，因此电池销售企业同时也应为电池回收企业。

5）电池用户管理。针对电池用户，信息服务平台进行用户的采购信息以及使用信息管理，实现对铅酸蓄电池相关用户的电池采购量、电池使用来源和电池使用范围等信息的采集，并进行统计分析。电池用户分为两类：一类为工业配套集团消费，另一类为民间个体消费（以旧换新）。

6）电池回收企业管理。信息服务平台针对电池回收企业进行企业基础信息、回收信息以及废电池去向等信息的管理，实现回收企业分布信息、运营规模、回收网点运营信息、废电池回收量以及去向等信息的采集,并进行统计分析。回收企业包括:电池生产企业直接销售时回收电池、区域代理商专业集中回收、电池零售商网点(包括车辆维修店)回收电池。

7)再生铅企业管理。针对再生铅企业,信息服务平台进行企业基础信息、采购信息、生产信息、销售信息的管理,实现企业生产运营规模、废电池采购量、再生铅产量、再生铅销售量及销售去向等信息的采集,还包括铅膏或废电池向其他再生铅企业调拨转卖信息,并进行统计分析。

(2)铅资源循环利用运营管控功能需求

铅资源循环利用运营管控以回收网络为核心,强调铅酸蓄电池的回收、仓储、运输、再生铅冶炼生产全过程的综合管控。具体需求如下:

1)回收网点综合管理。平台针对回收网点进行基本信息管理、分级分类管理以及地理信息管理,这些信息支持铅资源循环利用管控平台对回收网点多种方式显示、查询,为仓储与库存管理系统、运输与配送管理系统、回收费用与结算管理系统、客户系统等提供数据支持。保障各网点废旧电池回收、电池以旧换新等业务有序进行,提高废电池回收效率,并通过对废旧电池相关回收数据的统计分析,提供回收网点分类的依据,提供回收网点通过以旧换新等方式回收废电池尽责情况统计结果。

2)仓储与库存管理。平台需要对货物从入库到出库全过程进行管理,主要包括系统管理、入库管理、库存管理、出库管理、库存调拨、单据管理和财务管理等6项主要功能。利用物联网相关技术,对货物的出、入库作业及库存盘点等过程进行管理。

3)运输与配送管理。运输与配送管理需求是指直接面向具体物流运输与配送指挥和操作层面的智能化管理,在利用调度优化模型完成车辆调度并生成智能配送计划的基础上,采用多种先进技术对物流配送过程进行智能化管理。

4)回收费用与结算管理。回收费用与结算管理是通过将铅资源循环利用过程中的每个节点的铅的数量进行统计分析,将铅资源回收过程中的数量和订单数据进行统一管理,并实现财务结算,同时能够实现回收任务量的考核和奖励及在回收过程中的成本和费用进行管理和控制。

5)客户管理。基于信息服务平台建设对于客户管理的需求,针对铅资源循环利用体系涉及的相关客户,建立客户管理系统,实现对客户的分类管理,提高客户管理的效率。通过对客户在各个阶段的电池消费量和废电池产生量进行综合的评估,针对不同类型的客户进行不同的管理活动,达到铅资源循环利用体系与客户之间实现信息共享和收益及风险共享的目的。信息平台所指客户分类包括:电池生产企业、销售企业、回收网点、电池使用消费单位如集团或配套用户以及个人电池消费者等。

6)人力资源管理。基于铅资源循环利用过程中人力资源管理的信息化、系统化和科学化需求,建立铅资源循环利用人力资源管理系统,提高人力资源管理的效率,从而达到降低人力资源管理成本的目的。人力资源管理包括基础信息管理、员工自助服务、人才招聘交流市场、统计分析以及相关业务管理。人力资源管理类型分为:企业内部人力资源管理、行业或区域人力资源管理。

7)电子商务与展示。电子商务与展示是指通过信息服务平台将铅资源循环利用过程中的商品及货物信息展示给客户,并实现商家和客户在网上进行洽谈、交易和支付,同时能够对交易双方的交易过程及支付过程进行管理。

商品及货物包括：铅精矿、金属铅、合金铅、蓄电池（或极板）、废电池；

商家和客户包括：铅矿主、铅冶炼企业、铅贸易商、电池或极板生产商、销售商（或回收网点）、集团用户等。

8）安全管理与应急保障。铅资源循环利用体系信息化建设需要对平台中可能出现的安全问题进行预警，同时，智能地做出判断并生成应急预案，对出现的紧急情况实现应急保障。该系统还能实现对应急信息及资源的管理、紧急情况的评价。安全问题涉及电池或废电池在产业链各个环节涵盖的生产安全、职业卫生、劳动保护、环保措施与铅污染物产排量管控等环境安全问题，也涉及平台电子商务中涵盖的网络信息安全问题。

9）决策支持。决策支持功能需要将平台其他系统中的大量信息和数据收集起来，通过数据库技术、数据挖掘工具、面向服务的 SOA 技术、云计算平台、信息协同技术以及服务支撑平台对大量的信息数据进行存储与计算，并对相关数据进行多角度的分析，并通过设备数据接口、功能接口、数据库接口等将数据传输至智能决策平台，实现铅资源循环利用信息服务平台下相关信息的共享，并为平台中的其他系统提供相关的决策支持。

2.2.3　平台技术需求分析

针对铅资源循环过程涉及的管理部门和相关企业，基于"铅足迹"循环链综合管理和铅资源循环利用运营管控功能需求，应用相关信息技术，进行铅资源循环利用信息化建设。平台技术需求可分为系统集成技术、SOA 架构技术、云计算技术、数据仓库与数据挖掘技术以及系统接口技术。

（1）系统综合集成技术

系统综合集成技术能够把分离的子系统有机地组合成一个一体化的、功能更加强大的新型系统，并使之能彼此协调工作，发挥整体效益，达到整体性能最优，是综合集成过程顺利完成的重要支撑，主要包括系统数据集成技术、系统环境支撑技术、经营管理及决策技术、标准化技术、企业建模及系统开发与实施技术。

（2）SOA 架构技术

SOA 架构技术即面向服务的体系结构，是指为了解决在 Internet 环境下业务集成的需要，通过连接能完成特定任务的独立功能实体实现的一种软件系统架构。SOA 是一个组件模型，它将应用程序的不同功能单元（称为服务）通过这些服务之间定义良好的接口和契约联系起来。接口是采用中立的方式进行定义的，它应该独立于实现服务的硬件平台、操作系统和编程语言。

（3）云计算技术

云计算是一种通过 Internet 以服务的方式提供动态可伸缩的虚拟化的资源的计算模式，通过网上的数据中心来实现 PC 上的各种应用与服务，涉及数据管理技术、数据存储技术和服务改善技术等关键技术。

（4）数据仓库与数据挖掘技术

数据仓库是决策支持系统和联机分析应用数据源的结构化数据环境。数据仓库研究和解决从数据库中获取信息的问题。数据仓库的特征在于面向主题、集成性、稳定性和时变性。

数据挖掘是指从数据库的大量数据中揭示出隐含的、先前未知的并有潜在价值的信息的非平凡过程。数据挖掘主要基于人工智能、机器学习、模式识别、统计学、数据库、可视化技术等,高度自动化地分析数据,做出归纳性的推理,为决策提供依据。

(5)系统接口技术

信息服务平台构建过程中,所有节点企业的运营信息可以认为被包含在一个广义的数据库中。而由于不同企业用户的信息和业务组织不尽相同,该广义数据库是异构的。要挖掘并有效利用异构数据,需要集成铅资源循环链中所有的数据源,因此需要借助于系统接口技术实现异构应用的数据共享。

2.2.4　平台非功能需求分析

围绕铅资源循环利用信息服务平台的用户需求、功能需求及技术需求分析,在平台规划设计过程中辅以非功能性需求分析,具体包括以下几方面:

(1)用户界面需求

包括操作的人性化,界面美观大方,在保证系统安全的前提下能够实现全部功能。

(2)软硬件环境需求

包括选择适用的服务器和适用系统的客户机,满足平台要求。

(3)平台质量要求

要求平台录入及计算的数据没有偏差,有可靠的故障处理,进行删除、添加、更新某条记录时,系统反应时间满足要求,可方便地部署在 Windows、Linux、Unix 等操作系统上。

(4)平台主要技术经济指标要求

能够支持平台用户的人数达到的上限、日常业务处理时间、综合查询时间、可靠性、可扩展性、跨平台性等能够满足系统的基本要求。

2.3　本章小结

本章通过对铅资源循环利用信息化建设的国内外现状的研究,结合吉天利循环经济科技产业园区具备平台建设的基本建设条件的前提,针对有关管理部门和涉铅企业,进一步对平台建设涉及的平台用户需求、平台功能需求、平台技术需求以及平台非功能需求四个方面进行深入而全面地分析,从而为铅资源循环利用体系信息化建设,实现"铅足迹"循环链综合管理以及铅资源循环利用运营管控做准备。

参考文献

[1]曾毅红,何深思.发达国家的废旧电池处理及其对我们的启示[J].环境保护,2002(7):46-48.DOI:10.3969/j.issn.0253-9705.2002.07.016.

[2]王雪松.我国废旧电池回收处理行业的现状及对策[J].现代商贸工业,2009,21(2):

60 – 61. DOI:10. 3969/j. issn. 1672-3198. 2009. 02. 031.

[3]马永刚. 中国废铅蓄电池回收和再生铅生产[J]. 电源技术,2000,24(3):165-168,184. DOI:10. 3969/j. issn. 1002-087X. 2000. 03. 014.

[4]废旧蓄电池中再生铅资源的回收利用[J]. 中国资源综合利用,2012,30(10):7.

[5]陈青,李江一,何印,等. 废旧电池规模化回收与处理企业模式研究[J]. 现代企业文化, 2009(24):5-6.

[6]吴燕斌,张勇星. 废旧电池处理与企业社会责任[J]. 商品与质量·学术观察,2013 (12):182.

第3章 铅资源循环利用业务体系及流程分析

3.1 铅资源循环利用业务现状及需求分析

我国铅资源市场规模庞大,精铅、铅酸蓄电池的生产量与消费量均位居世界第一,但铅资源循环利用信息化管理水平低,导致整体发展不平衡,因此建立铅资源循环利用体系必须掌握实际现状及面临的问题,从而提出铅资源循环利用的业务需求,为铅资源循环利用业务体系和业务流程的设计提供依据。

本书所涉及与铅产业相关概念解释:铅精矿是铅矿经过选矿流程选别后富集有价铅的矿石;原生铅是指由铅精矿经过冶炼和精炼生成的金属铅;铅蓄电池生产企业产品是指铅酸蓄电池或商品极板;再生铅是由废铅酸蓄电池和废铅合金材料经粉碎分选、重新熔化、精炼得到的金属铅;精铅指经过精炼后纯度很高的金属铅,包括原生铅和再生铅。

本节通过分析铅资源循环利用业务现状和面临的问题,围绕"铅足迹"循环链综合管理和铅资源循环利用运营管控两条主线,研究我国铅资源循环利用的业务需求,铅资源循环利用信息服务平台业务现状及需求分析如图3-1所示。

3.1.1 "铅足迹"资源管理现状及问题分析

"铅足迹"资源管理现状分别对铅精矿、原生铅、再生铅和铅酸蓄电池的发展情况进行调研,分析影响我国铅资源循环利用发展的主要问题。

3.1.1.1 "铅足迹"资源管理现状

(1)铅精矿生产现状

我国每年铅精矿产量和消费量巨大,位居世界首位,每年仍保持着10%以上的增长态势。2013年中国铅精矿产量315万吨(金属吨),铅精矿产出地主要分布在华南和西部,以中小型企业为主,产量前五的省(区)是内蒙古、四川、湖南、云南和广西。我国铅精矿产量大但品位低且逐年下降,每年还需要大量进口优质铅精矿,2013年进口铅精矿149万吨。

(2)原生铅生产销售现状

最近几年,我国汽车、通信、金融、电力、交通、电动自行车、光伏发电和风力发电等行业快速发展,带动了对原生铅的需求并且逐年在增加,2013年,我国原生铅年总产量328.1万吨。原生铅现在占据着精铅生产的主要部分,现有东北、湖南、两广、滇川、西北五大铅锌采、

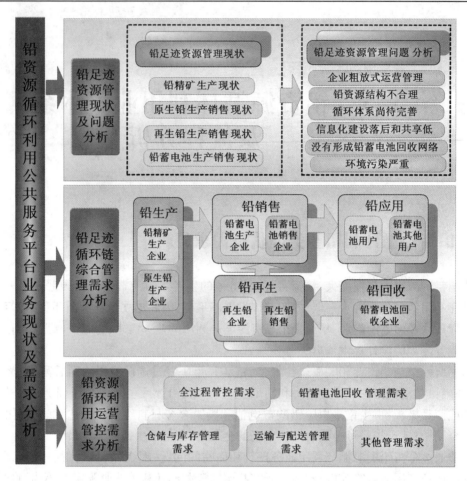

图 3-1　铅资源循环利用信息服务平台业务现状及需求分析

选、冶和加工配套的生产基地,和以河南为代表、依靠进口铅精矿生产原生铅的冶炼企业集聚区。

(3)铅酸蓄电池生产及销售现状

随着我国交通、电信等行业的快速发展,铅酸蓄电池行业产销规模不断扩大,产量已占到世界的 40% 以上。我国铅酸蓄电池的主要销售领域为汽车、摩托车、电动自行车和通信行业。我国铅酸蓄电池工业产能分散,管理体制落后,环境污染严重,在浙江、江苏、湖北等铅蓄电池生产大省表现尤为明显。铅酸蓄电池的回收与生产销售相互独立,分别形成了再生铅集散生产区(如安徽、江苏、河南)和废铅酸蓄电池回收集散市场(如山东临沂、湖南汨罗)。2009—2011 年我国各省市铅蓄电池产量如图 3-2 所示。

(4)再生铅生产销售现状

根据环保部 2012 年 11 月底统计数据,再生铅在生产企业数量 22 家,再生铅产能 169.6万吨,在建企业再生铅产能 145.6 万吨。再生铅的大部分产量来自于没有正规手续的小型企业,这种企业数量多、规模小、耗能高、污染重、综合利用率低,主要分布在安徽、山东、江苏等地。2012 年 11 月环保部公布的全国各省市再生铅产能如图 3-3 所示。由于这些小型企业非法性和经常转移,国家难以对再生铅企业进行数据统计和宏观调控。

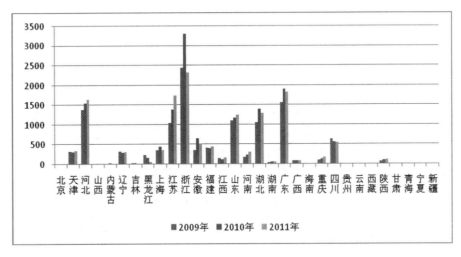

图 3-2　2009 – 2011 年我国各省市铅蓄电池产量分布

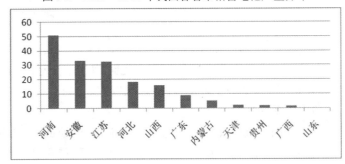

图 3-3　全国各省市再生铅产能(2012 年 11 月环保部公布数据)

3.1.1.2　"铅足迹"资源管理问题分析

通对"铅足迹"资源管理现状的分析可知,我国铅资源生产与消费量巨大,并且还有很大发展空间,但是一些突出问题阻碍铅资源循环利用的稳步快速发展。本节围绕铅资源循环,利用信息服务平台建设,分析"铅足迹"资源管理遇到的主要问题,为铅资源循环利用业务需求分析提供依据,"铅足迹"资源管理问题分析如图 3-4 所示。

(1)行业粗放式发展

我国铅资源企业中很多企业设备简陋、工艺落后,甚至没有安装环保设备三废直排,仅仅以营利为目的,在铅利用、环境控制、质量监管等生产环节中没有一套规范合理有效的运行体制,为满足短期市场需求采用高消耗、高污染、周期短的生产方式,不仅浪费能源,污染环境,而且大大降低了铅资源的综合利用效率。

(2)铅资源发展结构不合理

我国铅资源结构不合理表现在两点:一是我国精铅中原生铅比例高(近 70%),有限的铅资源加上增长的需求量,导致铅矿的过度开采,在未来一定时期我国必将出现铅矿资源短缺、原生铅短缺现象;二是再生铅企业以小型企业为主,这些企业产能规模小,综合利用率低,环境污染严重,大量争夺再生铅原料,用廉价的产品抢占再生铅的市场份额。目前,小再生铅企业处置了全国 50% 以上的废铅资源,与规模化企业处置能力相当。个别地区建设大

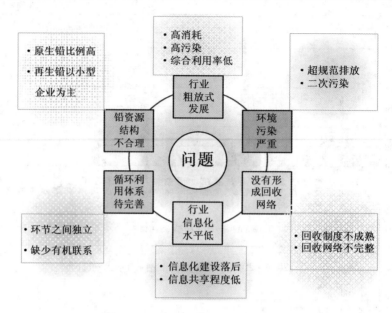

图 3-4 "铅足迹"资源管理问题分析

量的再生铅项目,导致部分区域废铅蓄电池处理能力已近饱和甚至过剩。目前再生铅企业平均产能低于每年 6000 吨,行业集中度较低,环境风险较大。

(3)铅资源循环利用体系尚待完善

我国当前铅资源循环利用从原生铅生产、电池生产销售、电池回收,再生铅生产的整个过程中各个节点相互独立,没有形成一套规范完善的循环体系,使得各环节有机联系起来,形成一个高效有序的循环链。这不仅降低了铅资源的利用效率,还增加了企业生产成本。

(4)行业信息化水平低

很多铅资源生产销售企业没有先进的信息化管理系统,国家也没有相关信息化平台,导致生产企业管理效率低、国家监管难、信息共享程度低,还间接影响到企业的生产成本和市场的有序发展。

(5)缺乏规范的废铅酸蓄电池回收网络

我国的铅酸蓄电池回收市场仍处于缺少监管无序发展的状态,没有成熟完善的回收制度;电池回收无法利用已有电池销售网络,回收节点的布置只限于再生铅生产企业周边城市,没有管理有序、分布合理、规模化的铅酸蓄电池回收网络。在实际回收过程中,主要的回收企业为电池生产企业、电动自行车维修店、个体回收企业、汽车维修店等网点,回收比例如图 3-5 所示。

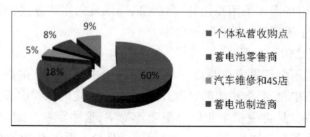

图 3-5 废铅酸蓄电池回收参与者比例

（6）环境污染严重

2012 年铅蓄电池企业数量约 3000 家,通过环保整治,"在生产企业"减少到 400 家左右,约 85% 的企业环保不合格。2012 年再生铅企业约 300 家,"在生产企业"减少到 26 家,约 90% 的企业环保不合格。废铅蓄电池规范回收比例仅仅 30% 左右,回收环节存在严重的倒酸、废电池流向不规范、国家税收流失等问题,因此涉铅行业存在较大的环境污染风险。

3.1.2　"铅足迹"循环链综合管理需求分析

"铅足迹"循环链综合管理是对铅资源循环利用中铅生产、铅销售、铅应用、铅回收和铅再生五大环节进行全周期闭合管理,掌握铅在各环节下的产品形式、数量、来源和流向。分析"铅足迹"循环链综合管理需求,可以为业务体系和业务流程的设计提供依据。

（1）铅生产管理需求

铅生产管理包括铅精矿生产企业管理和原生铅生产企业管理两部分。铅生产管理需要全面掌握铅精矿生产企业和原生铅生产企业的生产销售业务过程、企业基本信息和铅资源来源与流向。

（2）铅销售管理需求

铅销售管理是对铅酸蓄电池生产企业和铅酸蓄电池销售企业的管理,实现铅销售的管理需要对铅酸蓄电池的生产企业的企业信息、生产情况和铅酸蓄电池销售企业的销售去向、销售量等进行统计管理,掌握铅在销售环节的情况进行管控,掌握铅在销售环节的流动情况。铅酸蓄电池生产与销售包括极板加工和电池组装产品的生产和销售。

（3）铅应用管理需求

铅应用管理是对铅酸蓄电池用户的管理。铅应用作为"铅足迹"的重要环节,在管理过程中需要统计与分析铅酸蓄电池相关用户的电池采购量、电池使用来源和电池使用范围,掌握铅在应用环节的来源和去向。

（4）铅回收管理需求

铅回收管理需要掌握废铅酸蓄电池各类回收企业的基本信息与运营情况,包括回收网点设置、回收量、回收来源与流向、以旧换新量与比例,以及回收运营等业务状况和数据,评价铅蓄电池生产企业履行社会责任执行状况,回收废电池数量（比例）与目标（指标）执行情况,同时跟踪废酸流向信息数据。

（5）铅再生管理需求

再生铅管理以废铅酸蓄电池的回收管理为核心,以业务管理、信息管理和回收费用与结算管理为主要内容,是"铅足迹"循环链综合管理中关键管理内容。再生铅管理需要深入分析再生铅业务内容和流程,掌握再生铅企业和回收企业的基础信息、运营数据和在再生铅环节的流动情况。针对回收管理,需要把网点管理、仓储与库存管理和运输的管理放在重要位置上,保障回收制度的实行和回收网络的完整。

3.1.3　铅资源循环利用运营管控需求分析

铅资源循环利用运营管控是针对运营过程中的计划、组织、实施和控制,以回收网络为核心,强调铅酸蓄电池的回收、仓储、运输、再生利用全过程的管控,包括铅酸蓄电池回收网点综合管理、全过程管理、仓储与库存管理、运输管理和其他管理。铅资源循环利用运营管控需求分析如下：

（1）铅酸蓄电池回收网点综合管理需求分析

铅酸蓄电池的回收是铅再生中重要的业务内容，需要有健全的回收制度作为保障和完善的回收网络作为支撑，包括建立企业自有回收系统或联盟回收利用系统，统筹安排现有回收网络节点，新建扩建网络增加网络节点。为保证铅酸蓄电池回收的效率，必须将回收制度和回收网络的管理作为信息服务平台中重要内容，利用信息服务平台保障回收制度有效实施和回收网络的通畅。

（2）全过程管理需求分析

全过程管理是以回收网络为核心，对铅资源从废电池到回收、再利用业务过程的管理和管控，主要包括回收环节运营、仓储管理、运输与配送管理等生产业务过程。全过程管理是通过对铅资源循环利用运营中的信息进行收集与管理，达到铅资源循环利用的信息化监管，因此铅资源循环利用的全过程管理的实现，需要依托信息服务平台，对铅资源循环利用业务过程中铅的流量和流向进行统计和分析。

（3）仓储与库存管理需求分析

铅资源循环链仓储及库存管理是以废铅酸蓄电池回收网络为基础，通过对废电池从入库到出库整个过程的管理，掌握废电池的回收情况。由于废铅酸蓄电池回收网络很庞大，仓储与运输管理需要对仓储中心进行分级管理，以主要仓储中心为管理对象，实现对废铅酸蓄电池的简单处理、存储和仓储信息的采集。

（4）运输与配送管理需求分析

铅资源循环利用的运输与配送是以各级网点之间的运输为核心，包括制订和执行运输计划、车辆调度、动态跟踪等业务内容。废铅酸蓄电池作为危险品，在运输与配送管理中需要根据危险品运输相关规则，统筹安排运输线路与车辆、实时动态监控运输过程，确保运输任务的顺利完成。

（5）其他管理需求分析

铅资源循环利用运营管控围绕运营过程管理，还包括回收费用与结算管理、客户管理、人力资源管理、电子商务与展示管理和安全管理与应急保障管理。回收费用与结算管理需要回收企业、运输企业、再生铅企业等企业的共同配合，统一进行财务结算，并通过合适的奖励措施保证铅酸蓄电池的有序回收；客户管理的基础的是对客户信息的采集与整理，因此选择合适的客户信息统计方法和分析方法是客户管理的关键；人力资源管理主要是依托信息服务平台，对员工基本信息、业务信息的统计和分析企业内外相关人力资源进行有效运用；电子商务与展示管理需要依靠信息服务平台改变原有传统销售与交易方式，提高企业销售效率，降低成本。安全应急业务管理是铅资源循环利用运营管控的安全保障，需要快速而准确的实现安全数据信息的采集、传输、处理、评价和预警。铅资源循环利用管理平台所统计的废铅蓄电池与再生铅流通数据可作为财税优惠政策的执行依据。

3.2 铅资源循环利用业务体系设计

3.2.1 铅资源循环利用业务体系设计基本思想

铅资源循环利用业务体系以"铅足迹"循环链上相关企业为分析和研究对象,结合信息服务平台的业务需求进行设计,从而为信息服务平台的建设提供依据,进而实现综合管理"铅足迹"循环链相关企业和铅资源循环利用管控的目的。业务体系设计分为总体框架设计和"铅足迹"循环链节点企业业务体系设计。

3.2.2 铅资源循环利用业务体系总体框架设计

通过"铅足迹"循环链相关企业的业务进行分析和梳理,结合循环链综合管理和铅资源循环利用运营管控的业务需求,从业务层次和支撑条件两个方面进行铅资源循环利用业务体系总体框架设计,业务体系总体框架设计如图3-6所示。

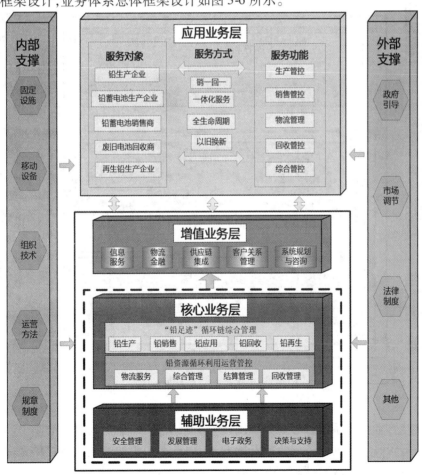

图3-6 铅资源循环利用信息服务平台业务体系总体框架

核心业务层由"铅足迹"循环链综合管理和铅资源循环利用管控所需的关键业务构成。辅助业务从物流服务以及发展管理和决策支持等方面为核心业务的实施提供辅助支持。增值业务是在完成核心业务与辅助业务的基础之上延伸的增值服务业务。应用业务层是铅循环利用业务的目标实现层面,以物流一体化的服务结合电池销售以旧换新(即销一回一)等服务方式面向整个"铅足迹"循环链中的企业,具有生产管控、销售管控、回收管控、物流管理和综合管控的功能。

铅资源循环利用业务体系中的支撑条件为各层业务的正常运作提供支撑、导向和约束的作用,包括内部支撑和外部支撑两部分,铅产业链经营贸易由传统方式向现代信息化电子商务方式转移。

3.2.3 铅精矿生产企业业务体系

铅精矿生产作为整个"铅足迹"循环链的初始端,研究其业务组成可以为铅资源循环利用信息服务平台的建设奠定基础。铅精矿生产企业业务体系包括业务层和支撑条件。各项业务的设计根据其作用分为核心业务、辅助业务和增值业务,业务体系设计如图3-7所示。

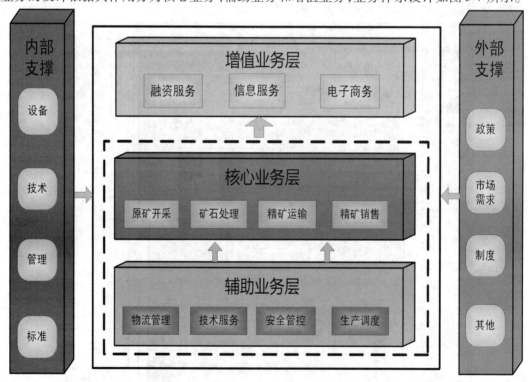

图 3-7　铅精矿生产企业业务体系

铅精矿生产业务体系的核心业务层围绕铅矿石从开采、加工到销售的整个流程所需的关键业务进行设计。辅助业务层为矿石的开采、加工和销售的顺利进行提供保障。增值业务层主要包括融资服务、信息服务、电子商务。

支撑体系分为外部支撑和内部支撑。支撑体系对铅精矿生产企业的生产起到导向、支撑、约束的作用。

3.2.4 原生铅生产企业业务体系

原生铅生产处于"铅足迹"循环链中的核心位置,因此分析其业务组成对信息服务平台的建设和业务流程的分析和设计有重要意义。原生铅生产业务体系从业务层面和支撑条件两个方面设计,业务体系设计如图 3-8 所示。

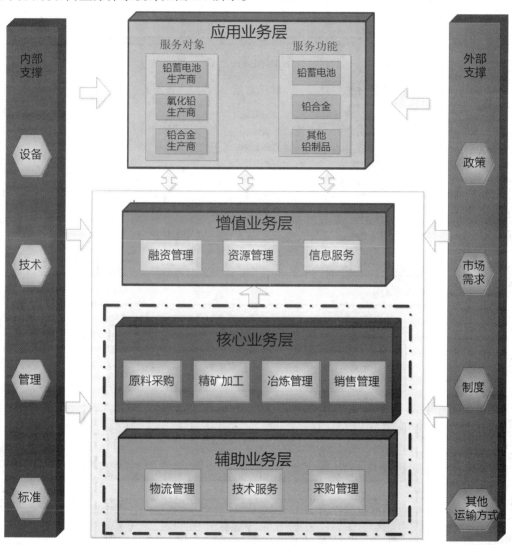

图 3-8 原生铅生产企业业务体系

如图 3-8 所示,业务体系的设计结合原生铅生产销售流程从核心业务、辅助业务、增值业务和应用业务四个层次展开。各项业务的实施以内部环境和外部环境为支撑。根据整个生产销售流程的关键业务设计核心业务,辅助业务为核心业务提供辅助支持。应用层是原生铅企业服务功能的实现层面,即向铅酸蓄电池生产商以及其他铅材制造商提供精铅(或合金铅)用以制造铅酸蓄电池和其他铅制品。原料采购包括国内采购和国外进口采购铅精矿。

3.2.5 铅酸蓄电池生产企业运营业务体系

铅酸蓄电池生产企业位于铅资源循环利用的末端,本节在对铅酸蓄电池生产企业现状进行分析研究的基础上,以解决铅资源循环利用面临的问题为指引,结合铅资源循环利用的业务需求,构建包括核心业务、辅助业务和增值业务的铅酸蓄电池生产企业的业务体系,具体如图 3-9 所示。

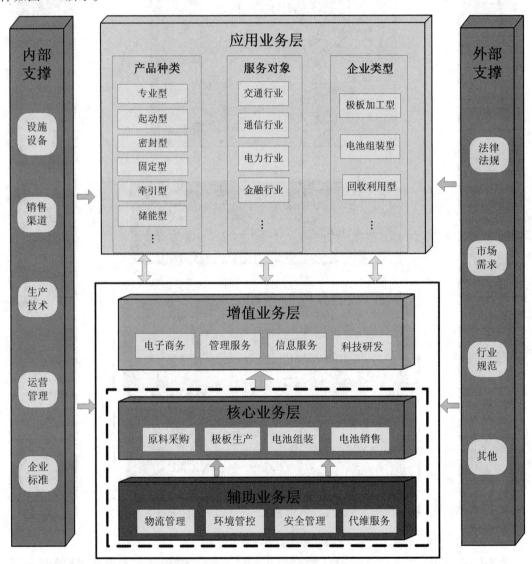

图 3-9　铅酸蓄电池企业运营业务体系

从图 3-9 可以看出,铅酸蓄电池生产企业在内外部条件支撑下,以生产销售中的关键业务为核心,辅助业务为保障支持,不断发展增值业务,他们共同组成了铅酸蓄电池企业的业务体系。应用业务层则包括了铅酸蓄电池企业可以提供的主要服务内容。

铅酸蓄电池企业类型包括极板加工企业、电池组装企业以及极板加工与电池组装完整工艺的企业,还包括铅炭电池生产企业。铅蓄电池生产还延伸到售后承诺期的电池更换与维修业务,根据企业社会责任延伸,铅蓄电池企业业务还包括废电池回收。

3.2.6 再生铅企业业务体系

再生铅企业是铅资源循环利用的核心节点,分析其业务组成可以为铅资源循环利用信息服务平台的建设提供依据。本章从核心业务、辅助业务和增值业务三个层面构建再生铅企业业务体系,业务体系设计如图 3-10 所示。

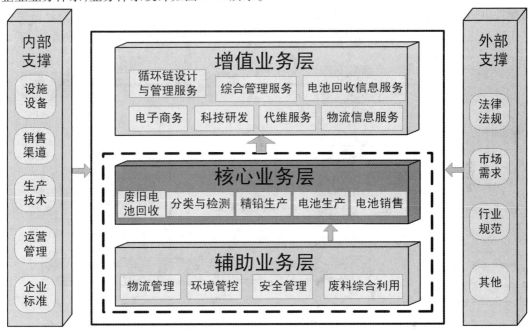

图 3-10　再生铅企业业务体系

从图 3-10 可以看出,再生铅企业以内部环境及外部环境为支撑,针对不同的服务对象,不同的产品类型开展一系列核心服务、辅助业务和增值服务,涵盖了铅从废电池到电池产品的所有业务内容,它们共同构成了再生铅企业业务体系。

3.3 铅资源循环利用业务流程分析

3.3.1 铅资源循环利用业务流程分析基本思想

铅资源循环利用业务流程是根据铅资源循环利用业务体系,结合铅产业的相关业务环节而设计。业务流程的分析也为"铅足迹"循环链管理平台以及铅循环利用管控平台的建立奠定基础。

本章节首先对"铅足迹"循环链总体流程进行设计,从宏观层面描述铅资源循环利用的主要过程,体现出整体过程中的节点个数以及各节点间的相互联系。然后对"铅足迹"循环链中各个具体节点的业务流程进行合并分析与设计,其中包括原生铅与精铅生产业务流程、电池生产与销售业务流程以及废铅产品回收与处理业务流程。

3.3.2 "铅足迹"循环链总体流程设计

"铅足迹"循环链包含铅生产、铅销售、铅应用、铅回收、铅再生五大环节,所涉及的企业包括铅精矿企业、原生铅企业、电池生产企业、电池销售企业、电池回收企业以及再生铅企业。

"铅足迹"循环链总体流程是指从铅精矿的开采开始,经过原生铅生产与电池生产,由销售商将电池产品销售给用户,到废铅蓄电池回收再利用的全部过程。"铅足迹"循环链由生产销售的正向物流到回收再利用的逆向物流相互衔接而成,总体流程如图3-11所示。

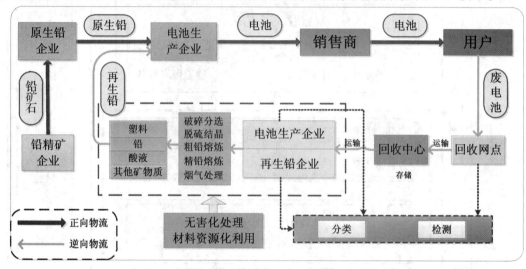

图3-11 "铅足迹"循环链总体流程图

"铅足迹"循环链总体流程基于铅产业的正向与逆向物流过程进行分析与设计。其中正向物流包括,原矿经选矿加工后形成铅精矿,铅精矿再由原生铅企业加工成原生铅(或合金铅),电池生产企业利用原生铅制成电池产品,最终由销售商销售给相关用户;逆向物流是从废电池的回收开始,经由再生铅企业处理加工,形成可再利用的再生铅原料,最终销售给电池生产企业。正向物流与逆向物流的相互结合形成统一整体,为"铅足迹"信息服务平台设计奠定基础。

3.3.3 铅资源循环利用流程分解设计

分解流程的设计清晰地反映出铅在各个节点上的流动方式与传递方向,同时为信息服务平台下的各应用系统的功能设计提供参考。

3.3.3.1 铅精矿与原生铅生产业务流程

铅精矿生产是指粗铅矿石经处理加工后成为达到国家标准的铅精矿的过程,原生铅生产过程主要是指铅精矿石经过加工后形成的纯度高、可用于生产的原生铅的过程。二者具有紧密关系,铅精矿生产与原生铅生产业务流程如图3-12所示。

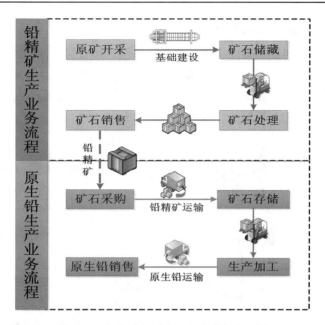

图 3-12　铅精矿与原生铅生产业务流程图

　　铅精矿生产企业的生产流程主要包括原矿开采、矿石储存以及矿石销售,铅精矿石最终销售给原生铅生产企业;原生铅生产企业的业务流程主要包含铅精矿采购、矿石储存、生产加工、原生铅销售,原生铅通过销售进入电池生产企业中。

3.3.3.2　电池生产与电池销售业务流程

　　电池的生产与销售具有紧密的联系,电池生产是指将精铅(或合金铅)原料通过制作加工形成电池(或极板)产品,而电池销售是指电池销售商按照客户的相关需求,通过销售及物流过程,将电池送至相关用户(配套或消费终端),如图 3-13 所示。

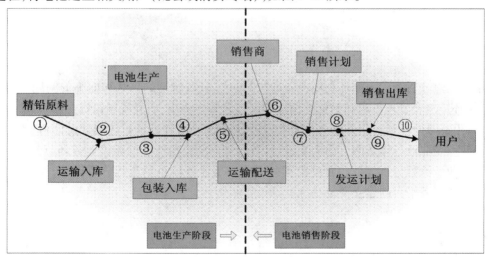

图 3-13　电池生产与电池销售业务流程

　　电池的生产流程是指从原料采购开始,经过生产加工后形成电池产品;电池销售流程是指销售商根据客户需求,制订销售计划,最终将电池产品销售给相关用户。

3.3.3.3　废铅产品回收与处理流程

废铅蓄电池的回收与处理共同构成了逆向物流链。废铅蓄电池的回收是指回收企业通过布设回收网点收集到消费者使用后的废铅蓄电池后,然后通过运输将废铅蓄电池统一集运到废铅蓄电池再生处理企业的过程;废铅蓄电池处理流程是指通过一系列工艺技术,再生铅企业将废铅需电池转化为精铅的流程,如图 3-14 所示。

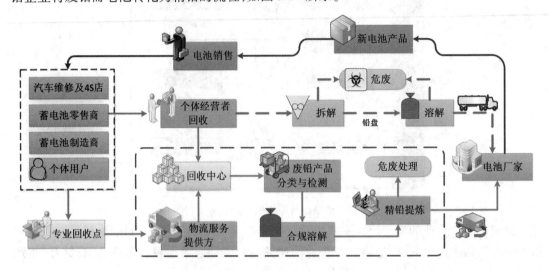

图 3-14　废铅蓄电池回收与处理流程图

废铅蓄电池的回收工作主要由个体经营者或专业回收企业来承担,回收对象包括汽车维修及 4S 店、电动自行车维修网点、蓄电池零售商、蓄电池制造商、个体用户。收集到的废铅蓄电池收集到回收中心后统一运至回收企业进行检测处理,并进行废铅蓄电池的分类、破碎拆解、分选、熔炼,最终得到可再利用的再生铅,销售给电池生产企业。

3.4　本章小结

本章通过分析铅资源循环利用业务即"铅足迹"资源管理的现状和面临的问题以及"铅足迹"循环链综合管理需求和铅资源循环利用运营管控需求,研究我国铅资源循环利用的业务需求、铅资源循环利用业务现状及需求分析,从而从业务体系的总体框架设计和"铅足迹"循环链节点企业业务体系两方面入手进行设计,进而结合铅产业的相关业务环节,对铅资源循环利用业务流程分析设计。通过铅资源循环利用业务体系及流程分析设计,为铅资源循环体系信息服务平台的建立奠定基础。

参考文献

[1]余开常.企业工程项目物流一体化管理模式研究[J].物流技术,2001,30(12):206-209.

[2]杨爱民,李芬.多样化的物流增值服务模式——供应链和客户关系理论在物流服务中的

创新[J].武汉理工大学学报(社会科学版),2002,15(5):470-473.

[3]马永刚.中国废铅蓄电池回收和再生铅生产[J].电源技术,2000,24(3).

[4]翟昕.制约再生铅行业健康发展的七大问题?[J].中国有色金属,2006,12:21-22.

[5]王树谷,杨建潇.中国再生铅企业既要规模更要规范[J].资源再生,2008(9):65.

[6]方海峰,黄永和,黎宇科,等.铅酸蓄电池回收利用体系研究[J].蓄电池,2007,4:174-179.

[7]彭涛.2013年中国铅锌工业现状和发展趋势[J].资源再生,2013,11:36-38.

[8]马茁卉,范振林.国内铅资源状况及相关建议[J].中国金属通报,2011,33:20-21.

[9]韩佳兵.2013年9月铅市场回顾及后市展望[J].有色金属工程,2013,05:9-10.

[10]张伟倩,冯君从.铅产业发展趋势[J].中国有色金属,2013,13:40-41.

第4章 铅资源循环利用体系运营及回收方案

4.1 铅资源循环利用体系运营分析

铅资源循环利用体系运营分析围绕"铅足迹"循环链综合管理及铅资源循环利用运营管控两个核心业务来展开,以掌控铅生产、铅销售、铅应用、铅回收及铅再生全过程综合管理为目标,从铅精矿、原生铅及再生铅的生产、销售等产业链各环节的主要生产企业情况,铅酸蓄电池的生产、进出口及国内生产企业情况等方面分析铅产业运营现状,通过对铅资源循环链运营过程的计划、组织、实施及控制,更好地服务于铅资源循环利用体系的合理高效运营。

4.1.1 铅精矿运营分析

铅精矿为生产原生铅提供主要原料,国内产量主要来源于几大铅锌矿矿区,同时更多的企业选择从国外市场进口铅精矿来满足国内逐渐增长的铅资源需求。本章主要从铅精矿的分布及储量、铅精矿的生产及进口等方面分析铅精矿的运营现状。

4.1.1.1 铅精矿的分布及储量

截至 2009 年底,全国共有 1734 个铅矿区,铅资源基础储量 1340.1 万吨,主要分布于华南和西部的 12 个省区,全国铅资源基础储量分布如图 4-1 所示。

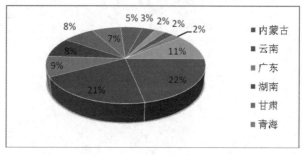

图 4-1 全国铅资源基础储量分布

如图 4-1 所示,上述 12 个省区的储量合计 580.8 万吨,占全国的 90.40%,基础储量合计 1149.3 万吨,占全国的 85.77%。

4.1.1.2 铅精矿的生产及进口

(1)近 5 年全国铅精矿生产情况

从 2008—2012 年,我国铅精矿的产量变化趋势保持高速增长态势。铅精矿产量一直居世界首位,2008 - 2012 年产量如图 4-2 所示。

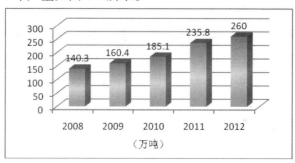

图 4-2　近 5 年全国铅精矿产量

(2)2012 年全国部分省份铅精矿生产情况

我国铅精矿产量一直处于稳步增长中,这主要靠几个铅矿储能大省的贡献,图 4-3 为 2012 年铅精矿产量前几位的省份产量分布。

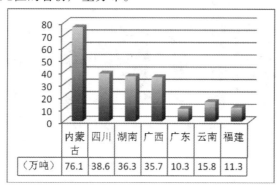

图 4-3　2012 年部分省区铅精矿产量

如图 4-3 所示,内蒙古、四川和湖南是铅精矿生产大省(区),跟各省(区)的铅资源分布状况一致。(注:数据只统计了每年的前 11 个月数据总和)

(3)近 5 年全国铅精矿进口情况

随着铅矿资源的不断开采,铅精矿变得日益稀缺,铅精矿的进口成为国内冶炼企业原料的主要来源,国内企业对于外国市场的精矿的进口依赖度较高,铅精矿的进口情况如图 4-4 所示。

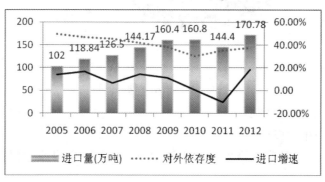

图 4-4　近 8 年全国铅精矿进口量及对外依存度

4.1.2 原生铅运营分析

精铅的产量按照铅的来源分为原生铅和再生铅两个部分,其中原生铅是从铅精矿冶炼直接得到的精铅,再生铅则是经过废铅酸蓄电池的回收处理获得的精铅。目前我国的精铅生产主要来源于原生铅,再生铅产量逐年上升。本节结合精铅的生产、消费现状等对原生铅的运营进行分析。

4.1.2.1 精铅运营现状

(1)精铅生产现状

目前我国约70%的精铅来源于原生铅的冶炼,其余由再生铅经过加工精炼所得,2008 - 2012 年全国精铅产量如图4-5 所示,近4 年的精铅生产量呈稳步增长趋势,其中2012 年原生铅产量314.6 万吨,再生铅126.6 万吨。

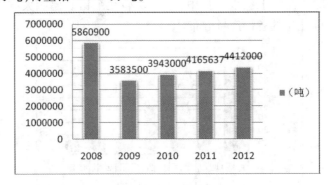

图4-5　近5 年全国精铅生产量

(2)精铅消费情况

我国铅的主要消费领域有铅酸蓄电池、氧化铅、铅合金及铅材、其他铅制品,铅用途比例如图4-6 所示。铅资源的主要用途是制造铅酸蓄电池。

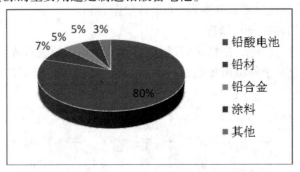

图4-6　我国铅用途使用分布

4.1.2.2 原生铅运营现状

(1)全国原生铅生产现状

原生铅目前仍然占据着精铅生产的主要部分,2012 年全国原生铅产能分布如图4-7 所示。

由图4-7 可见,河南、云南、湖南三大省为主要原生铅生产省份,河南省产能居全国之

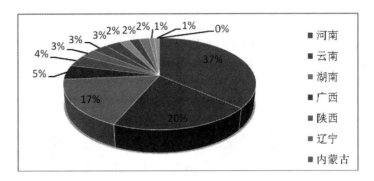

图 4-7　2012 年全国原生铅产能分布

首,云南省主要因为铅矿资源相对充足,小型企业数量较多,相应的原生铅产能较高。

（2）原生铅企业生产现状

由于未经过实际调研,相关原生铅生产企业资料欠缺,而河南、云南及湖南三大省作为原生铅的主要生产省份,占全国原生铅产能的 74% ,具有一定代表性,因此选取河南、云南及湖南三省来分析国内原生铅主要生产企业生产情况。

1）河南省原生铅企业生产现状。

图 4-8 为河南省内主要 4 家原生铅生产企业,据统计,河南省原生铅冶炼厂共计 13 家企业,豫光金铅为全国铅产业的主要生产企业,2012 年产量达到 39 万吨,产量已接近产能上限,未来发展向再生铅转移,万洋冶炼及金利等其他企业的产量相对较少。

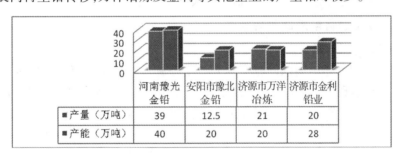

	河南豫光金铅	安阳市豫北金铅	济源市万洋冶炼	济源市金利铅业
■产量（万吨）	39	12.5	21	20
■产能（万吨）	40	20	20	28

图 4-8　2012 年河南省主要原生铅生产企业产能及产量

2）湖南省原生铅企业生产现状。

图 4-9 为湖南省内主要 4 家原生铅生产企业,湖南省的原生铅生产能力低于河南省,从产能上来看,金贵铅业与衡阳水口山铅业为该省较大的两家原生铅冶炼企业,产量分别达到 10 万吨和 12 万吨。株冶集团产量已达产能上限,宇腾有色金属产量较低。

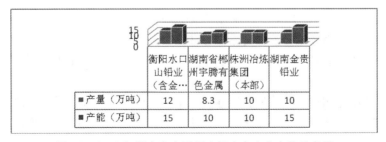

	衡阳水口山铅业（含金…）	湖南省郴州宇腾有色金属	株洲冶炼集团（本部）	湖南金贵铅业
■产量（万吨）	12	8.3	10	10
■产能（万吨）	15	10	10	15

图 4-9　2012 年湖南省主要原生铅生产企业产能及产量

3）云南省原生铅企业生产现状。

云南省是我国另一个较大的原生铅生产省份,由于矿资源的相对充足,云南省企业数量相对较多,多以小型企业为主,如图 4-10 所示,产能有 10 万吨的企业仅 3 家,为铅三大生产省份中最少的一个。

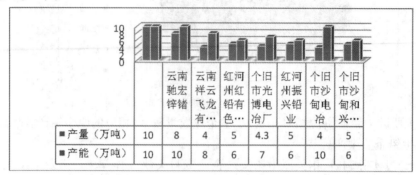

	云南驰宏锌锗	云南祥云飞龙有…	红河州红铅有色…	个旧市光博电冶厂	红河州振兴铅业	个旧市沙甸电冶	个旧市沙甸和兴…
■产量（万吨）	10	8	4	5	4.3	5	4	5
■产能（万吨）	10	10	8	6	7	6	10	6

图 4-10　2012 年云南省主要原生铅生产企业产能及产量

4.1.3　再生铅运营分析

铅酸蓄电池的使用必然会产生大量的废铅酸蓄电池,废铅酸蓄电池的回收及再生处理便成为铅资源循环利用体系建立的重要环节。本节关于再生铅的运营分析主要是从废铅酸蓄电池回收、全国再生铅生产及再生铅企业现状来展开的。

4.1.3.1　废铅酸蓄电池回收现状

（1）铅酸蓄电池回收商分析

本章节对于废铅酸蓄电池的回收商的分类主要有蓄电池零售商和制造企业、汽车维修和 4S 店、个体私营收购者等,如图 4-11 所示。而在实际回收过程中,主要的回收企业为电池生产企业、电动自行车维修店、个体回收企业、汽车维修店等网点。

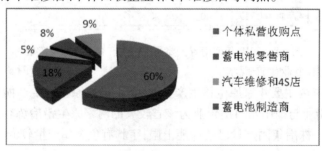

图 4-11　废铅酸蓄电池回收参与者比例

（2）我国各省市废铅酸蓄电池回收能力分析

就 2012 年全国废铅酸蓄电池电池的回收而言,各省的回收能力参差不齐,如图 4-12 所示。

由图 4-12 可知,河南、安徽、河北、江苏这几个省份的再生铅企业均在 20 家以上,因此回收能力相对较强,其他省市的回收能力相对较弱,从侧面反映出我国铅回收行业的发展空间较大。

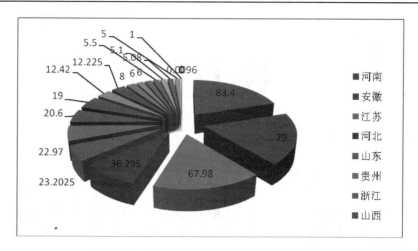

图 4-12　2012 年各省废铅酸蓄电池回收能力

4.1.3.2　全国再生铅生产现状

废铅酸蓄电池的再生是铅酸蓄电池循环利用体系的关键环节,保证了废铅酸蓄电池中的铅再次流入到循环利用体系当中,目前全国的废铅酸蓄电池的需求量约在 320 万吨,对其处置基本流向为冶炼厂和再生铅厂,具体如图 4-13 所示。

图 4-13　废铅酸蓄电池流向比例

2012 年全国再生铅处理能力 278.89 万吨,再生铅产量约为 126.6 万吨,再生铅产能利用率 31.75%,以安徽、山东、河南、河北、江苏、广东、湖北等省份形成全国主要的再生铅集散和生产区域,具体如图 4-14 及图 4-15 所示。

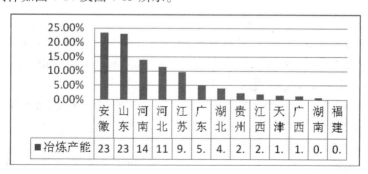

	安徽	山东	河南	河北	江苏	广东	湖北	贵州	江西	天津	广西	湖南	福建
冶炼产能	23	23	14	11	9.	5.	4.	2.	2.	1.	1.	0.	0.

图 4-14　2012 年全国各省(区)再生铅产能

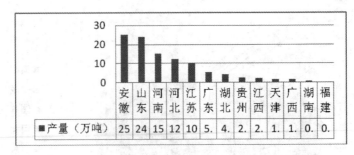

图 4-15　2012 年全国各省（区）再生铅产量

由图 4-14 和图 4-15 可知，其中安徽省 2012 年再生铅产量为 25 万吨，居全国之首，其次是山东省为 24 万吨。我国再生铅生产产能主要分布在我国东南部，目前全国大大小小的再生铅企业有 300 多家，2012 年再生铅的产量占精炼铅产量的比例只有 28% 左右，远没有达到世界平均水平，再生铅行业产能相对偏低。

4.1.3.3　再生铅企业生产现状

目前中国再生铅行业较混乱，山东、安徽、江苏等地因为小型生产线较多，再生铅产量也相对较高。对于再生铅企业分析时，由于非持证企业过于隐蔽，除了安徽省主要再生铅产能较清晰之外，其他省份的产能难以掌握。

（1）安徽省再生铅生产企业现状

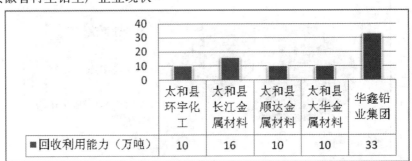

图 4-16　2012 年安徽省主要再生铅生产企业回收利用能力

如图 4-16 所示，安徽省华鑫集团已成为全国生产规模最大的再生铅加工企业，作为界首市田营循环经济工业区的支柱企业，以废蓄电池回收、加工为主导产业，2012 年年再生铅产能达 33 万吨。

（2）山东省再生铅企业生产现状

山东省主要再生铅企业包括利升铅业有限公司，其年再生铅生产能力达到 10 万吨，近几年安徽省不少再生铅企业迁至山东省内，直接导致山东省内的再生铅灰色产能升高。

（3）河南省再生铅企业生产现状

河南省主要再生铅企业主要包括亚洲金属循环利用有限公司，该公司年处理废电池 15 万吨，精铅生产能力为 4 万吨。

（4）江苏省再生铅企业生产现状

目前江苏省内在产的持证再生铅企业以春兴集团为首，该公司是中国最大的废铅酸蓄电池综合利用企业，年处理废电池达 40 万吨。其他企业均为小生产线，整体年处理能力 12

万吨左右。

4.1.4　铅酸蓄电池运营分析

铅酸蓄电池的生产大致分为极板生产和组装成型两步,极板的生产以直接消耗精铅为主,是最为关键且技术要求最高的一步,因此从极板生产的角度,结合全国铅酸蓄电池生产现状、铅酸蓄电池进出口情况、山西铅酸蓄电池企业生产现状分析铅酸蓄电池的运营情况。

4.1.4.1　全国铅酸蓄电池生产现状

截至 2012 年底,我国拥有 3 万亿 kVA/h 的蓄电池产能,约 1.9 万亿的极板产量,辽宁、贵州、北京、吉林、海南等地并未涉及大规模铅酸蓄电池的生产,因此只列出如图 4-17 所示的全国主要 20 个省份的铅酸蓄电池产能及产量。

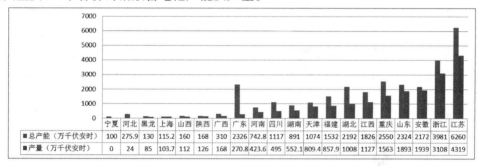

图 4-17　2012 年全国各省份铅酸蓄电池产能及产量

从我国铅酸蓄电池产能总量上来看,全国各省份铅酸蓄电池产能大多远超其实际产量,大量产能存在过剩问题,江苏、浙江的产能居全国之首,共占全国总产能的 34% 左右,整体来看,2012 年度铅酸蓄电池整体极板产能仍呈现正增长态势。近些年,我国铅蓄电池产量持续增长,具体如图 4-18 所示。

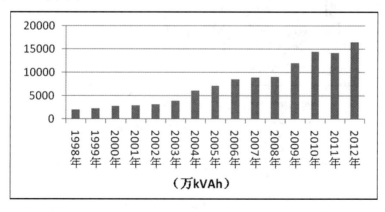

图 4-18　我国铅蓄电池的年产量

4.1.4.2　铅酸蓄电池进出口情况

中国蓄电池的出口与国内蓄电池的产量和汽车、摩托车、电动自行车的产量密切相关,同时也受外部大环境的制约。2012 年全国铅酸蓄电池进出口数如图 4-19 所示,分起动型电池和其他铅酸电池两类。

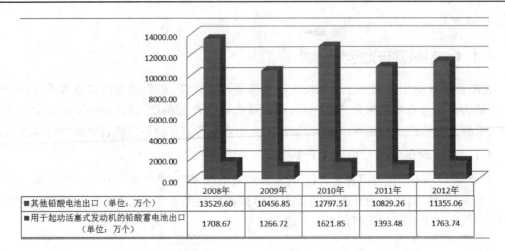

	2008年	2009年	2010年	2011年	2012年
■其他铅酸电池出口（单位：万个）	13529.60	10456.85	12797.51	10829.26	11355.06
■用于起动活塞式发动机的铅酸蓄电池出口（单位：万个）	1708.67	1266.72	1621.85	1393.48	1763.74

图 4-19　2008－2012 年全国铅酸蓄电池出口量

总体来看,每年的起动型铅酸蓄电池出口量,要远少于其他铅酸蓄电池的出口量,每年的总的出口量都不稳定,受环境影响较大,2012 年的出口量较去年有所提升,如图 4-20 所示。

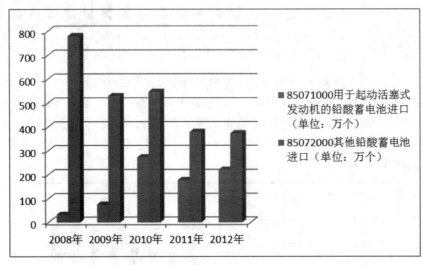

图 4-20　2008－2012 年全国铅酸蓄电池进口量

与铅酸蓄电池的出口一致,起动型铅酸蓄电池的进口量也远少于其他铅酸电池的进口量,2008 年以来,由于国内市场对于汽车、摩托车、电动自行车的巨大需求,起动型铅酸蓄电池的进口总体量呈上升趋势,而其他铅酸蓄电池的进口量一直回落,如图 4-21 及图 4-22 所示。

从图 4-21 和图 4-22 可以看出,近两年铅酸蓄电池的零件进口额增加,出口额下降。

4.1.4.3　全国铅酸蓄电池企业生产现状

近几年铅酸蓄电池行业的快速发展,而由铅酸蓄电池生产带来的污染问题愈发严重。2012 年,《铅蓄电池行业准入条件》颁发。环保部历次核查公布企业数量见表 4-1,核查“在生产”企业产能情况见表 4-2。

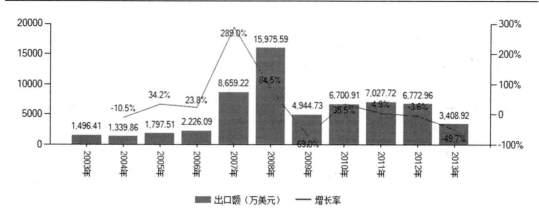

图 4-21　2003 – 2013 年中国铅酸蓄电池的零件出口额

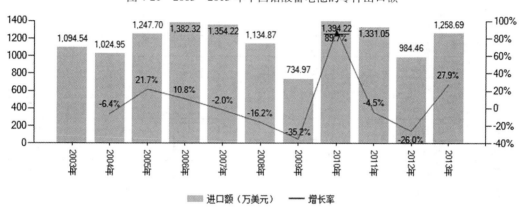

图 4-22　2003 – 2013 年中国铅酸蓄电池的零件进口额

表 4-1　环保部历次环保核查公布企业数量

序号	省（直辖市、自治区）	2011 年 7 月 31 日	2011 年 11 月 30 日	2012 年 7 月 10 日	2012 年 11 月 30 日
1	北京市	7	7		
2	天津市	16	16	15	16
3	河北省	105	105	81	82
4	山西省	9	9	9	9
5	内蒙古自治区	7	7	6	6
6	辽宁省	18	18	16	16
7	吉林省	4	4	4	4
8	黑龙江省	3	3	1	1
9	上海市	17	19	19	1
10	江苏省	484	492	248	248
11	浙江省	328	331	62	57

续表

序号	省(直辖市、自治区)	2011 年 7 月 31 日	2011 年 11 月 30 日	2012 年 7 月 10 日	2012 年 11 月 30 日
12	安徽省	102	102	72	72
13	福建省	97	99	83	83
14	江西省	60	60	57	56
15	山东省	133	134	93	94
16	河南省	95	95	62	62
17	湖北省	56	61	50	50
18	湖南省	32	36	29	30
19	广东省	191	196	(196)	156
20	广西壮族自治区	15	15	14	14
21	海南省	0	0	0	0
22	重庆市	47	47	30	30
23	四川省	58	58	27	28
24	贵州省	12	13	11	11
25	云南省	21	21	16	16
26	西藏自治区	0	0	0	0
27	陕西省	5	5	3	3
28	甘肃省	3	3	4	3
29	青海省	0	0	0	0
30	宁夏回族自治区	3	3	3	3
31	新疆维吾尔自治区	2	2	0	0
32	新疆生产建设兵团	0	0	0	0
	合计	1930	1961	1211	1151

说明:2012 年 6 月 30 日,广东未公布数据,表中数据参照 2011 年 11 月 30 日数据。

表 4-2　环保核查"在生产"企业产能情况

年度	在生产企业数量	极板产能 (万 kVA/h)	组装产能 (万 kVA/h)	电池产量 (万 kVA/h)
2011 年 7 月 30 日	229	10865	15069	14230
2011 年 11 月 30 日	291	13460	15432	
2012 年 6 月 30 日	373	14079	14485	17000
2012 年 11 月 30 日	398	22335	26017	
2013 年 12 月	450	25053	30292	

从表 4-1 和表 4-2 可以看出,铅蓄电池生产企业和再生铅企业数量锐减,大量企业停产倒闭,但总体产能还是呈上升趋势,产业集中度提高。

4.1.4.4 铅酸蓄电池用户情况

2009 年全国铅酸蓄电池主要用于如图 4-23 所示的几个方面,包括电动助力车专用、汽车启动用、摩托车用、牵引用等,主要的客户企业有电池零售商、汽车维修和 4S 店、电信行业企业等。

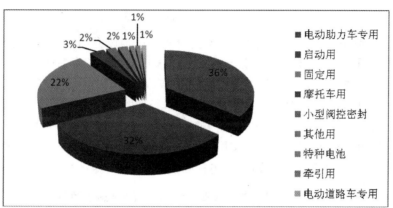

图 4-23　2009 年铅酸电池用途类型比例

4.1.5　小结

综上所述,目前国内的铅资源循环利用尚未建立起完善的体系,铅资源的综合利用率较低,原生铅、再生铅企业小生产线占多数,行业混乱,市场上对于铅酸蓄电池的需求依然较大。因此搭建合理的铅资源循环利用体系,在良好网络环境下运营是保证铅资源循环利用体系规范、顺畅、高效运行的关键。

4.2　山西省废铅酸蓄电池回收网点数量规划分析与设计

本部分采用合适的预测方法对山西省废铅酸蓄电池回收量进行预测,并根据预测结果,选择适当模型,合理预测出回收网点数量。

4.2.1　山西省废铅酸蓄电池回收量数据统计

山西省废铅酸蓄电池回收数量正在稳步提升,通过调研分析和查阅相关资料,得到最近8 年废铅酸蓄电池回收量数据,其回收情况如图 4-24 所示。

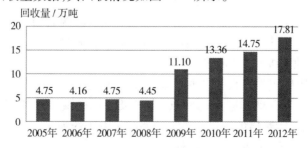

图 4-24　山西省废铅酸蓄电池回收量

4.2.2 山西省废铅酸蓄电池回收量预测

废铅酸蓄电池回收量的预测可以为回收网络规划提供基础数据,本书根据市场供给模型基本思想,结合废铅酸蓄电池回收特点,得出具体预测模型如式4-1所示。

$$Q_w = \sum_{i=0}^{n} S_i x P_i \qquad (式4-1)$$

式中,Q_w 为废铅酸蓄电池产生量(t);S_i 为从铅酸电池废弃当年起 i 年前该产品的销售量;P_i 为该产品用过 i 年后废弃的百分比;n 为铅酸蓄电池的最长寿命期。

该模型基本思想是在市场供给调查的基础上,赋予废铅酸蓄电池一定的废弃比例,从而根据铅酸蓄电池的销售数量对未来废铅酸蓄电池进行回收量预测。

根据相关数据,在了解铅酸蓄电池结构的基础上,一般认为,铅酸蓄电池经过拆解以后得到精铅含量为整体的62%~65%,本项目采用废铅酸蓄电池回收量历史数据,根据上述模型预测未来5年废铅酸蓄电池回收量,具体预测数据结果如表4-3所示。

表4-3 2013-2017年山西省铅酸蓄电池回收量及预测

年份	2013	2014	2015	2016	2017
铅酸蓄电池消费量(万吨)	22.5	24.3	26.4	27.3	28.8
废铅蓄电池产生量(万吨)	14.6	15.8	17.2	17.7	18.7
废铅蓄电池回收率(%)	30	40	50	65	80
废铅蓄电池回收量(万吨)	4.4	6.3	8.6	11.5	15.0

4.2.3 山西省废铅酸蓄电池回收网点数量分析

废铅酸蓄电池回收网点是构成铅资源循环利用网络的重要基础组成部分,本章节根据预测的铅酸蓄电池回收量数据,合理确定山西省铅资源循环旗舰店总体数量分布。

4.2.3.1 废铅酸蓄电池回收网点类型

按照地区与回收规模不同可将回收网点划分为4个等级,具体等级如下:一级网点是总回收中心;二级网点为地市级回收旗舰店;三级网点是区县级回收点;四级网点是乡镇级回收点或企业级回收点,并在乡镇级回收点设置统一托盘管理。

(1)一级网点:总回收中心

山西吉天利循环经济科技产业园作为回收核心企业,是回收网络中总回收中心,园区内部包括废蓄电池回收利用产业区和再生资源生态工业园区两大功能区,具备对废铅酸蓄电池无害化处理条件,形成铅酸蓄电池清洁生产闭合循环产业链。

(2)二级网点:地市级回收旗舰店

地市级回收旗舰店作为回收网络中二级回收网点,主要位于地级市或区域内合理位置,地市级回收旗舰店作为管理和服务的网点,为三级网点提供检测和订单费用计算等服务。根据山西省回收情况,旗舰店的废铅酸蓄电池回收量每年约为3万吨,二级回收网点主要为三级网点服务,具有管理、服务、仓储、运输等功能。

（3）三级网点：区县级回收点

区县级回收点位于各旗舰店辐射范围内的区县级城市合理位置，主要负责废铅酸蓄电池的回收，并建有专门的仓库，区县级回收点作为三级网点，具有分类检测功能，将收回来的废电池归类，方便运输与储存。

（4）四级网点：乡镇级回收点或企业级回收点

乡镇级回收点是回收网络中基层网点，它主要负责把回收网络所涉及的各个区域的废铅酸蓄电池回收上来，而企业级回收点则是建立在大型企业、汽配城、电动自行车等车辆销售或维修商业集中区域附近，主要负责回收由企业或商业集中区产生的废铅酸蓄电池，根据相关要求在部分乡镇采用废集装箱改造的专用回收箱，方便废铅酸蓄电池的回收运输与管理。

4.2.3.2　回收网点数量确定模型

通过分析区域或城市的废铅酸蓄电池回收量、回收网点强度、回收网点作业系数以及每个旗舰店的用地面积等相关参数可以确定合理的旗舰店数量，具体模型如公式4-2所示。

$$N = \frac{Q \times \beta}{\mu \times S \times X} \qquad (\text{式 4-2})$$

其中：

N——旗舰店需求数量（个）；

Q——区域废铅酸蓄电池回收总量（万吨）；

β——目标年份回收网点作业系数，即废铅酸蓄电池的回收总量与区域回收量中通过旗舰店完成的作业量的比例；

S——旗舰店占地面积（万平方米）；

μ——旗舰店物流强度（吨/平方米/年），即单位时间内单位面积的回收处理能力；

X——修正系数，由于各省份铅酸蓄电池回收量变化较大，为了确保数据准确性，根据废铅酸蓄电池回收能力和回收量的数据，利用定性分析法，引入一个修正系数。

结合山西省具体回收情况，废铅酸蓄电池年回收量约在 30 万吨，目标年份回收网点作业系数为 0.85，回收网点强度为 1.05。因此，在考虑旗舰店占地面积和物流强度之间关系的同时，根据山西省国土资源厅相关文件以及 2012 年山西省废铅酸蓄电池回收能力和回收量的数据，将修正系数定为 1.15，同时考虑到土地集约使用和规模效益，用地规模不小于 2万平方米。根据以上数据，旗舰店数量计算如下：

$$N = \frac{Q \times \beta}{\mu \times S \times X} \approx 11（\text{个}）$$

根据数量确定模型可以得出：山西省需要建立 11 个铅资源循环旗舰店，分别位于省内11 个地级城市合适位置。

4.3　全国废铅酸蓄电池回收网点规划方案

废铅酸蓄电池回收网络在全国范围内有序展开，通过对废铅酸蓄电池回收网点的设立原则和设置标准进行规划，根据调研分析，得到全国废铅酸蓄电池回收量历史数据，结合相应预测模型预测出未来铅酸蓄电池回收情况,合理算出全国各省回收网点数量,并进一步根据需求对回收网点进行整合管理。

4.3.1　废铅酸蓄电池回收网点设立原则

(1)政策及法律

废铅酸蓄电池回收网点的设置应遵循铅酸蓄电池回收行业相关政策及法律规定,符合《废电池污染防治技术政策》《废铅酸蓄电池收集和处理污染控制技术规范》《再生铅行业准入条件》《再生资源回收管理办法》《关于促进铅蓄电池和再生铅产业规范发展的意见》《再生有色金属产业发展推进计划》等产业政策和行业技术规范要求。

(2)层级划分

为实现对废铅酸蓄电池的逐级有序回收,回收网点按照"回收中心—地市级回收旗舰店—区县级回收点—乡镇(企业)级回收点"层级进行设置。

(3)规模适度、便捷高效

废铅酸蓄电池回收网点的选址、数量根据区域废铅酸蓄电池可回收量进行设定,形成规模适度、布局合理的回收网络,实现区域废铅酸蓄电池回收的高效、稳定。

(4)建立区域定点废电池回收联盟

根据地理区位,分别在华北、东北、西北、西南、华东、中南建立区域废旧电池回收联盟,体现区域特色,促进网点布局合理化,提高管理水平,减少运营成本,提高回收网点的运营效率。

4.3.2　废铅酸蓄电池回收网点设置标准

废铅酸蓄电池回收网点设置标准主要对网点级别和功能进行划分,明确各个级别网点的建设标准与工作内容。

(1)网点级别划分

废铅酸蓄电池回收客户种类众多,地域分布广,为实现回收过程的全面、合理以及有效,运用层级划分的方法设置铅酸蓄电池回收网络中的各个回收节点。

废铅酸蓄电池回收网络层级的设定要保证回收过程的完整,同时要避免机构设置冗余复杂,将整个回收网络划分为"一级回收中心—地市级回收旗舰店—区县级回收点—乡镇/企业级回收点"四个层级,不同级别回收网点的地理位置、作用各不相同,分工明确,同级别网点相互协调配合,实现对铅酸蓄电池的逐级回收。

(2)网点功能设置

结合网点层次划分,针对各级别进行网点功能设置,各级网点功能设计具体如下:

1)一级回收网点。

一级回收网点为废铅酸蓄电池回收中心,同时设置核心仓库,各级网点将回收的废铅酸蓄电池运至回收中心贮存或对其进行无害化处理得到再生铅,用以制造新铅酸蓄电池。

2)二级回收网点。

二级回收网点为地市级回收旗舰店。旗舰店负责管理所辖区域内的区县级回收网点,针对各区县级网点回收情况进行贮存调拨,并为其提供订单费用计算服务。部分旗舰店设有集中贮存仓库,在区县级回收网点回收量骤增的情况下可以起到贮存缓冲作用。

3)三级回收网点。

三级回收网点即区县级回收网点,将乡镇(企业)级回收点回收的废铅酸蓄电池运送到区县级回收点,进行较长期储存,当达到一定数量限制即送往回收中心仓库。并对回收上来的各种废铅酸蓄电池进行分类,分类后,确定对废铅酸蓄电池采取适宜的处理方式,降低运输和贮存成本。

4)四级回收网点。

四级回收网点即乡镇(企业)级回收点,是废铅酸蓄电池回收网络中最基本的设施节点,设置标准回收箱,具备铅酸蓄电池的短期贮存功能。它主要采用相应的方式把回收网络涉及的各个区域的废铅酸蓄电池回收上来,通过托盘运输的方式运至区县级回收网点。

4.3.3　全国铅资源回收量数据统计分析及预测

废铅酸蓄电池的回收量数据可为回收网点数量的计算提供理论数据,通过调研分析,可预测未来全国废铅酸蓄电池回收量,见表4-4。

表 4-4　2013—2017 年全国废铅酸蓄电池回收量及预测

年份	2013	2014	2015	2016	2017
铅酸蓄电池消费量(万吨)	425	462.5	507.5	577.5	634.5
废铅蓄电池产生量(万吨)	276	301	330	375	412
废铅蓄电池回收率(%)	30	40	50	65	80
废铅蓄电池回收量(万吨)	82.8	120.4	165	243.8	329.6

4.3.4　全国各省废铅酸蓄电池回收网点数量分布

由于各省份铅资源分布及铅酸蓄电池生产能力不同,同时废铅酸蓄电池回收能力存在较大差异。根据每个省的具体情况,合理给出各省最优回收网点分配数量。各省的回收情况所占全国的比例如图4-25所示,其中一些无回收能力省份并未统计标出。

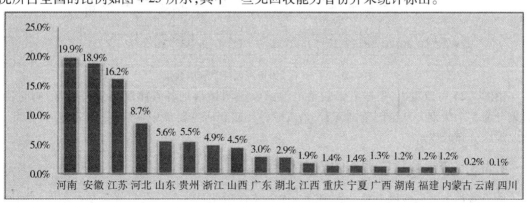

图 4-25　各省(区)废铅酸蓄电池回收量比例

根据各省回收具体情况,考虑到个别省份电池回收量大,因此提高旗舰店处理能力和占地面积,利用上述数量确定模型可以计算出每个省的铅资源循环旗舰店数量,计算结果如表4-5所示。

表4-5 各省铅资源循环旗舰店数量分布

省(区)	河南	安徽	江苏	河北	山东	贵州
回收量(万吨)	126.3	119.9	102.8	55.2	35.5	34.9
旗舰店数量	22	20	18	15	12	12
省(区)	浙江	山西	广东	湖北	江西	重庆
回收量(万吨)	31.1	28.6	19.0	18.4	12.1	9.5
旗舰店数量	11	11	7	6	4	3
省(区)	宁夏	广西	湖南	福建	内蒙古	云南
回收量(万吨)	8.9	8.2	7.6	7.6	7.6	1.3
旗舰店数量	3	3	2	2	2	1

根据表4-5可知,河南、安徽、江苏等地回收数量较大,适当增加旗舰店数量;而宁夏、广西、云南等地的回收量较少,暂时建立少数旗舰店。各省铅资源循环旗舰店数量具体分布情况如图4-26所示。

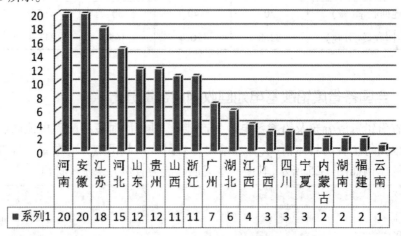

图4-26 各省(区)铅资源循环旗舰店数量

由图4-26可以看出,根据废铅酸蓄电池回收预测量得到各省旗舰店分布数量,同时将其划分为5个级别。从全国范围来看,铅资源循环旗舰店主要集中在华东、华北地区,东北、西北地区分布较少。

4.3.5 废铅酸蓄电池回收网点整合

废铅酸蓄电池回收网点整合管理分为横向整合和纵向整合。纵向整合是指不同级别网点之间的整合,主要涉及业务和管理两方面;横向管理是指同级别网点之间为实现铅酸蓄电池的合理回收而相互间进行调拨。网点整合管理具体如图 4-27 所示。

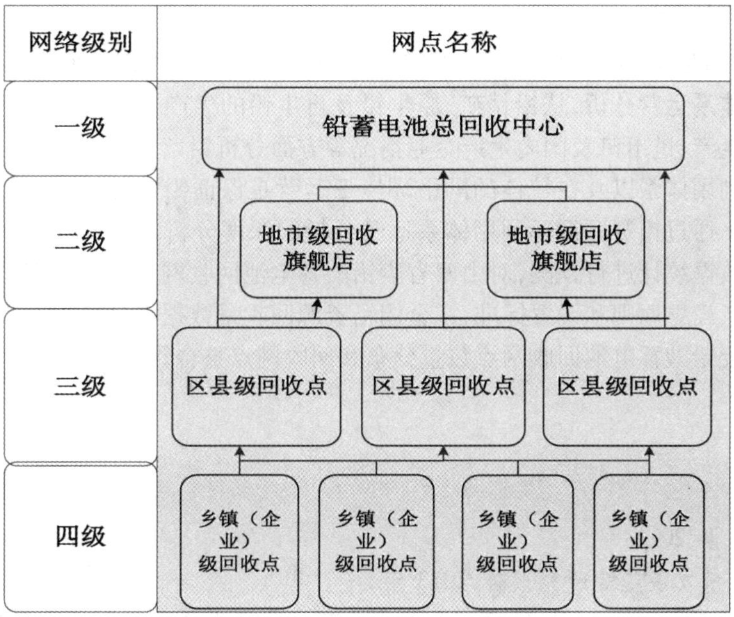

网络级别	网点名称
一级	铅蓄电池总回收中心
二级	地市级回收旗舰店　地市级回收旗舰店
三级	区县级回收点　区县级回收点　区县级回收点
四级	乡镇（企业）级回收点　乡镇（企业）级回收点　乡镇（企业）级回收点　乡镇（企业）级回收点

图 4-27　回收网点树形展现

（1）纵向整合

纵向整合为不同级别网店之间的整合,主要从管理方面和业务关系方面对各级别之间的网点进行整合。

1）管理方面。从一级回收中心至四级回收网点,由高级别的网点负责管理下一级回收网点。

2）业务关系方面。

三级回收网点负责将四级回收网点的电池收集起来并进行检测分类,在达到一定的贮存数量,运至一级回收中心或暂时贮存在二级网点的仓库中。二级回收网点负责管理所辖区域内的区县级回收网点,针对各区县级网点回收情况进行贮存调拨,并为其提供订单费用计算等服务。一级回收中心将各级回收网点回收的电池进行贮存并根据需要对其加工处理。

各级网点通过制度规范、工作标准、组织管理等实现业务的无缝对接和相关信息整合。

（2）横向整合

横向整合为同级别网点之间的整合,包括三级回收网点之间和四级回收网点之间两部分。

1）三级回收网点。

该级别回收网点之间主要涉及车辆调配以及贮存协调。当部分三级回收网点出现仓库空余量不足或者车辆调配紧张的情况,可以向相邻的三级回收点申请贮存协助以及车辆调配。

2）四级回收网点。

四级回收网点之间的整合主要是电池集装。电池集装包括两方面:一是指四级网点未到达单趟车装载配额的情况下通过协调实现废铅酸蓄电池的集装,提高单趟出车的装载率;二是指四级网点通过信息共享,实现同种类型的废铅酸蓄电池集中装载。

4.4　本章小结

　　本章围绕"铅足迹"循环链综合管理及铅资源循环利用运营管控两个核心业务来展开铅资源循环利用体系运营分析,从铅精矿、原生铅及再生铅的生产、销售、主要生产企业情况,铅酸蓄电池的生产、进出口及国内生产企业情况等方面分析铅产业运营现状,得出搭建合理的铅资源循环利用体系以及在较佳的网络环境下运营是保证铅资源循环利用体系顺畅、高效运行的关键。通过铅资源循环利用体系运营分析的深度分析,进一步通过山西省废铅酸蓄电池回收量数据统计进行预测,对山西省废铅酸蓄电池回收网点数量规划分析与设计,进而确定回收网点设立原则和设置标准,在全国铅资源回收量数据统计分析及预测的基础上,确定全国各省废铅酸蓄电池回收网点数量分布和回收网点整合管理。

参考文献

[1]山西统计年鉴,2011.

[2]中国铅产业链发展趋势研究报告,2013 年.

[3]梁晓辉,李光明,黄菊文,等.2010 上海市电子废弃物产生量预测与回收网络建立[J].环境科学学报,2010 年.30(5):1115-1120.

[4]郭海燕.不确定环境下逆向物流回收网点多周期多目标选址研究[D].湖南:中南大学,2009.

[5]田根平,曾应坤.基于时间序列模型在物流需求预测中的应用[J].物流科技,2007(9).

[6]邓爱萍,肖奔.基于时间序列的市场需求预测模型研究[J].科学技术与工程,2009,9(23).

第5章 铅资源循环利用体系业务及运营分析

5.1 "铅足迹"循环链业务运营分析

"铅足迹"循环链是以铅酸蓄电池回收网络为核心,强调铅资源流量、流向的监控,掌控铅生产、铅销售、铅应用、铅回收和铅再生全过程的综合运营管理。"铅足迹"循环链业务包括循环链运作模式和业务管理还包括铅酸蓄电池生产、销售的正向物流,与废铅酸蓄电池回收逆向物流组成的闭合循环链模式分析,以及循环链运营模式选择分析。

5.1.1 "铅足迹"循环链运作模式

5.1.1.1 "铅足迹"闭合循环链模式分析

"铅足迹"循环链模式分析主要以结合闭合循环链的方法展开。闭合循环链是在逆向物流的基础上产生的,它是在保留传统的正向物流的基础上,引入包含退货和废弃品回收再利用的逆向物流,二者首尾相合,形成一个封闭的供应链,由原来的"供应—生产—销售—消费—废弃"的过程变成了"供应—生产—销售—消费—废弃—再利用(供应)"的闭合反馈式循环过程。"铅足迹"循环链适用于闭合循环链的运营模式。

"铅足迹"闭合循环链是以铅生产、铅应用和铅回收为核心的闭合循环链,如图5-1所示。它整合了原生铅生产、铅酸蓄电池生产、铅酸蓄电池应用、废铅电池回收等环节和相关企业,形成了"铅酸蓄电池生产—铅酸蓄电池应用—废铅酸蓄电池回收—再生铅——铅酸蓄电池生产"的闭合循环链。其中,由再生铅企业再生制造的不同原料运送到铅酸蓄电池生产企业,构成了闭合循环链中的闭环产业链。

"铅足迹"闭合循环链的特点主要体现在:从铅酸蓄电池消费产生废铅酸蓄电池开始,到进入回收市场由电池回收企业回收,再到企业生产出再生铅,通过铅酸蓄电池企业制造出铅酸蓄电池产品,再流通到消费领域,形成了整个"铅"产业链条的生命全周期闭合管理,实现了铅循环链上、中、下游共同合作,有力保障了铅产业的循环发展。

5.1.1.2 "铅足迹"循环链运营模式选择

"铅足迹"循环链运营模式以废铅电池回收网络为基础,基于企业自营、企业联合经营、第三方外包和政企合营等不同的逆向物流模式,结合不同环节的运营企业,建立以"铅生产—铅销售—铅应用—铅回收—铅再生"为关键环节的循环链运营模式。"铅足迹"循环链运营模式选择如图5-2所示。

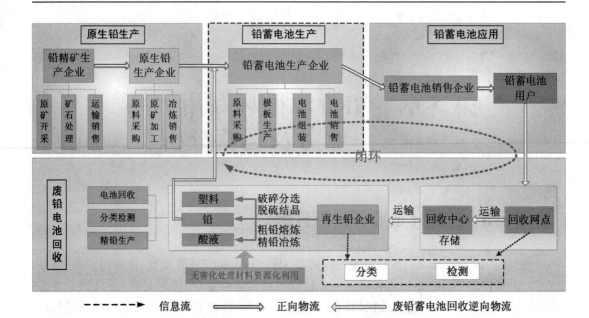

图 5-1 "铅足迹"闭合循环链

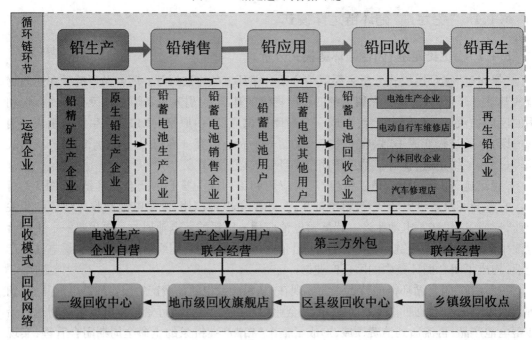

图 5-2 "铅足迹"循环链运营模式

铅生产环节主要涉及铅精矿生产企业和原生铅生产企业;铅销售环节涉及区域经销企业和电池销售企业;铅应用包含各类铅酸蓄电池用户;铅回收包括自行回收的电池生产企业、个体回收企业、电动自行车维修店、汽车维修店等;铅再生环节主要涉及再生铅企业。

5.1.2 "铅足迹"循环链业务管理分析

5.1.2.1 管理基本思想和方法

"铅足迹"循环链业务管理包括铅生产、铅销售、铅应用、铅回收和铅再生五大环节共同组成的铅产业链中的各业务节点的管理和管控。

（1）铅生产管理

铅生产管理包括铅精矿生产企业管理和原生铅生产企业管理两部分。通过对铅精矿生产企业的铅矿开采、销售等业务，以及原生铅生产企业的原材料采购、原生铅生产和原生铅销售等业务的管理，掌握铅资源在生产环节的流通情况，并对其进行产量、来源、销售等方面的管理和管控。

（2）铅销售管理

结合铅酸蓄电池（或极板）生产企业和铅酸蓄电池销售企业的原料采购、电池生产、电池销售等业务的管理情况，对铅酸蓄电池（或极板）的生产情况、销售来源、销售去向等情况进行管控，掌握"铅足迹"在铅酸蓄电池生产和销售过程中的相关环节。

（3）铅应用管理

通过对铅酸蓄电池相关用户的电池采购量、电池使用来源和电池使用范围的管理，完成"铅足迹"在铅应用环节对铅资源来源和去向的管理和管控。电池用户包括集团采购、工业配套、民间电池消费者等。

（4）铅回收管理

针对废铅酸蓄电池各类回收企业，如电池生产企业、电动自行车维修店、个体回收企业、汽车维修店等的回收网点设置与管理情况、回收量管理、回收来源管理以及回收运营管理等

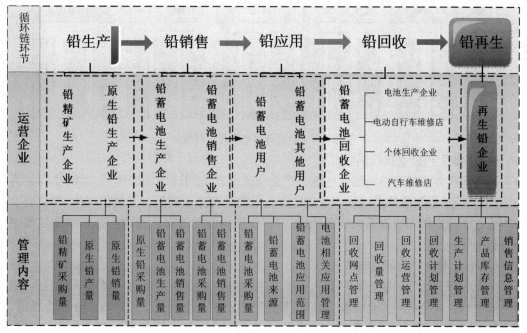

图 5-3 "铅足迹"循环链综合管理模式及内容

业务状况,了解并掌握"铅足迹"在铅回收环节对铅资源的管理和管控。

（5）铅再生管理

通过对再生铅企业的回收计划管理、原料采购管理、生产计划管理、产品库存管理、销售管理等业务环节的管控,完成"铅足迹"在铅再生环节对铅资源的管理和管控。

5.1.2.2　管理模式及内容分析

"铅足迹"循环链业务管理以铅原料及铅产品的来源管理、流向管理、数量管理等内容为核心,主要包括"铅足迹"循环链中铅生产、铅销售、铅应用、铅回收和铅再生五大环节中相关运营企业的目的是追踪铅资源在不同环节下的产品形式、数量、来源和流向,达到全循环链的管理和管控,如图5-3所示。

5.2　铅资源循环利用运营管控业务分析

5.2.1　废铅酸蓄电池回收运营模式选择

基于对废铅酸蓄电池回收的逆向渠道分析,将生产商回收铅酸蓄电池的逆向物流运作模式归结为三种,主要包括企业自营回收方式、相关企业联合回收经营方式、委托第三方外包回收方式等。本书结合铅资源循环链业务需求和特点,设计以下四种回收运营模式,如图5-4所示。

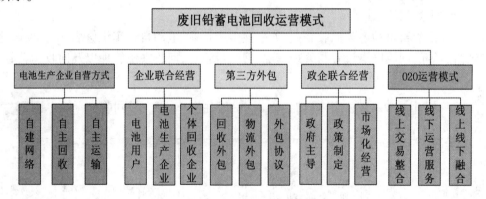

图5-4　废铅酸蓄电池回收运营模式

（1）电池生产企业自营回收方式

自营回收方式就是指铅酸蓄电池生产企业建立独立的逆向物流体系,以回收网络为核心,自主管理退货和废物品的回收处理业务。电池生产企业利用自身销售网络,建立遍及所有本企业产品销售区域的逆向物流网络,并将废旧铅蓄电池送到企业的回流物品处理中心进行集中处理。

（2）企业联合经营回收方式

企业的联合经营回收方式可分为铅酸蓄电池生产企业与电池用户企业联合经营,铅酸蓄电池生产企业与再生铅企业联合经营,铅酸蓄电池生产企业与个体回收企业联合经营,以及个体回收企业间联合经营等方式。其中,电池生产企业与电池用户企业联合经营,是指两者联合构建逆向物流网络,共同回收电池零售商、汽车维修和4S店等用户企业销售出去的废铅酸蓄电池;铅酸蓄电池生产企业与再生铅企业联合经营,是指铅蓄电池生产企业销售网络同时为回收网络,并与再生铅企业的回收网络互补融合,物流仓储最佳简捷对接结合;铅酸蓄电池生产企业与个体回收企业联合,是指电池生产企业依托个体回收企业拥有的少量回收网络,从而进行废电池的回收;个体回收企业间联合经营是指联合各个个体回收企业的回收网络、人力等资源,共同实现电池回收效益最大化。

（3）第三方外包回收方式

第三方的外包回收方式是电池生产企业通过协议形式将其产品回流的回收处理中的部分或者全部业务,以支付费用等方式,交由专门从事逆向物流服务的企业负责实施。电池生产企业将逆向物流外包,可以减少企业在逆向物流设施和人力资源方面的投资,降低逆向物流管理的成本。

（4）废电池回收环保联盟经营回收方式

回收联盟经营方式是指由政府主导,由电池行业协会、通信行业协会、电动自行车协会和汽车行业协会联合牵头,在环保部门、工信部有关部门监管下,通过制定相关回收政策和制度,由有关部门和行业协会牵头,组织铅蓄电池生产企业、电池销售企业、废电池回收企业、物流企业、再生铅企业以及相关单位,联合组建回收联盟,引导废铅酸蓄电池回收工作,实现铅酸蓄电池的市场化回收和规范运营。

（5）O2O 经营模式

对于铅资源循环利用运营服务过程,可以通过开展 O2O 服务业务来实现铅资源循环利用的规模化商业运作。利用互联网跨地域、无边界、海量信息、海量用户的优势,深层挖掘线下的各类涉铅企业的电池产品信息资源,再依托线上交易平台或企业网站发布各类电池及相关产品的信息和交易方式,聚集形成有效的铅产业群体,回收企业可以在网络平台上筛选服务、下单交易,并在线支付相应的费用。即将线下实体回收网点与互联网结合在了一起,让互联网成为线下废电池回收、销售及交易的前台。

O2O 经营模式可以对全国废铅酸蓄电池的回收和销售的营销效果进行直观的统计和追踪评估,规避了传统营销模式推广效果的不可预测性,O2O 模式将线上交易和线下服务相结合,所有的业务行为和信息均可以准确统计,为政府和相关企业高效便捷、统一监管铅资源回收利用过程提供信息支撑。

5.2.2　废铅酸蓄电池回收网络分析与设计

5.2.2.1　回收网络对象

废铅酸蓄电池回收网络对象包括电池生产企业、电池用户、协会及政府部门和个体回收企业等。

（1）电池生产企业

电池生产企业实行回收自营,通过建立覆盖全面的回收网络,自主回收和运输,集中回收家庭废电池、用户单位配套电池、电池零售店、车辆维修店和超级市场等区域的废电池。

（2）电池用户

电池用户包括电池零售商、汽车维修和4S店、电信行业等电池客户企业。汽车维修店和电动自行车维修店是废铅酸蓄电池的重要来源,在其维修网络的电池销售实行1∶1的比例以旧换新,因此其废电池数量非常可观,可通过与电动自行车企业和汽车生产企业建立回收协议,并延伸到代理维修店,便于废电池回收。汽车服务和维修点负责日常维护与修理工作,也具备一定的废电池回收责任。

（3）与工矿企业合作回收电池

工矿企业是废电池较为集中且易回收处理的企业,大多数工厂、电厂、煤矿企业、货运单位、公交企业都具备大量的废铅酸蓄电池产生量。因此,可与相关工矿企业合作建立废铅酸蓄电池回收协议。

（4）个体回收企业

通过与个体回收企业合作建立回收协议,收购其回收的废电池,将个体回收纳入规范的回收体系。

5.2.2.2　回收网络层级划分

铅资源循环利用体系应立足山西、覆盖邻边、辐射全国,构建"点—线—面"结合的规模适度、安全合规、便捷高效、经济实用的回收网络。

（1）四级网络结构划分

废铅酸蓄电池回收网络由"一级回收中心—地市级回收旗舰店—区县级回收点—乡镇（企业）级回收点"四级划分,如图5-5所示。其中,山西吉天利循环经济科技产业园为回收核心企业,园区内部包括"废蓄电池回收利用产业区"和"再生资源生态工业园区"两大功能区,具备对废铅酸蓄电池无害化处理条件,以及铅酸蓄电池清洁生产闭合循环产业链。

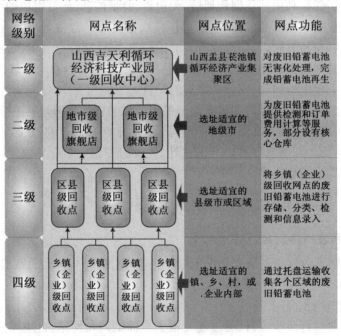

图5-5　回收网络四级结构划分

（2）地市级回收旗舰店

地市级回收旗舰店应在地级市适宜地点选址,以便与网点的组织管理和服务。地市级回收旗舰店主要提供检测和订单费用计算等服务,部分旗舰店具有核心仓库。

（3）区县级回收点

区县级回收点应根据各区域电池回收量选择适宜地点设立回收网点。区县级回收点将乡镇（企业）级回收点的废铅酸蓄电池回收上来,送到存储分中心进行存储、分类、检测以及托盘信息录入,以确定废铅酸蓄电池的来源、数量等信息。

1）存储。将乡镇（企业）级回收点回收的废铅酸蓄电池进行较长期存储,当达到一定数量限制即送往回收核心企业。

2）分类。对回收上来的各种废铅酸蓄电池首先按其产品特征或回收要求将其分类,通过各个回收点回收上来的废铅酸蓄电池种类多,需要采取不同的处理过程,同种废铅酸蓄电池因不同的塑料外壳、不同的板栅合金等差异其处理流程也不同,因此必须及时对废铅酸蓄电池进行归类。

3）检测。检测的目的是为后续的拆卸和处理做准备,大多是在初步分类后进行,目的在于确定废铅酸蓄电池适宜采取的处理方式,防止对回收的废铅酸蓄电池采取不合适的处理方式,同时将不可回收的废铅酸蓄电池提前淘汰,降低运输和仓储成本。

（4）乡镇（企业）级回收点

乡镇（企业）级回收点是废铅酸蓄电池回收网络中最基本的设施节点。它主要通过有偿或无偿的方式把回收网络涉及的各个区域和企业的废铅酸蓄电池回收上来,采用废集装箱改造为专用回收箱作为回收点,通过托盘运输的方式运至区县级回收点。它是整个回收网络的基础,只有保证乡镇（企业）级回收点废电池及时的回收,才能保证整个回收网络的规范高效运转。

5.2.3　铅资源循环利用体系业务管理分析

铅资源循环利用业务管控是从运营层面出发,包括铅酸蓄电池生产、存储、运输、回收和再生全过程的管控,包括回收网点综合管理、仓储与库存管理、运输与配送管理、回收费用与结算管理等内容。

5.2.3.1　回收网络综合业务管理分析

铅资源循环利用网络以仓储节点为核心节点,伴随着物料流动和信息流动,因而回收网络管理即包括物料管理和信息管理两方面内容,如图 5-6 所示。回收网络中的物料流动主要包括各类废铅酸蓄电池,同级节点之间、临级节点之间都存在双向、单向的物质流和信息流。其中,同级回收网点间由于存在节点间运输路径优化等原因,因而可能产生同级网点间的物料流动和信息流动;临级节点之间由于存在下级网点废铅酸蓄电池运输至上级网点,也存在着物料流动和信息流。

5.2.3.2　仓储与库存业务管理分析

铅资源循环链仓储及库存管理业务,是基于废铅酸蓄电池回收网络,为便于对废电池回收管控,对废电池从入库到出库全过程进行的管理。主要包括入库管理、库存管理、出库管理、库存调拨、单据管理和财务管理等内容。利用物联网相关技术,对废电池的出、入库作业及库存盘点等过程进行实时管理,掌握废电池的回收信息、订单执行信息、库存数量和仓储

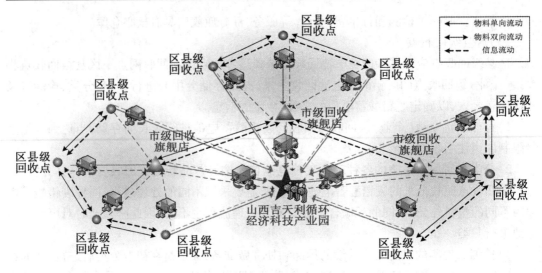

图 5-6　铅资源循环利用网络流量流向分析

条件等信息。

　　仓储与库存管理阶段围绕入库、在库保管和出库三大核心业务开展,其业务流程如图 5-7所示。

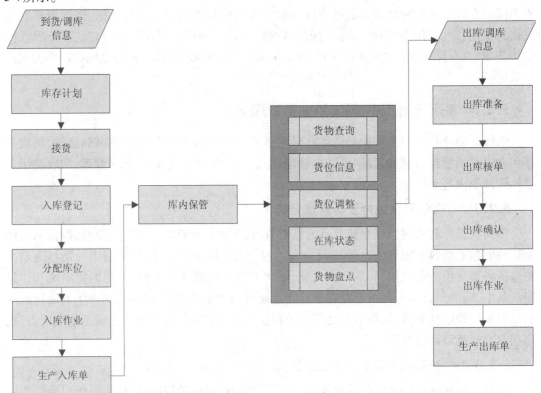

图 5-7　仓储与库存业务流程图

　　由图 5-7 所示,流程描述如下:

　　在入库管理阶段,相关工作人员根据传输来的到货信息或者调库信息,制定库存计划,做好入库准备工作,该准备工作主要涉及人员安排、作业组织管理、任务分配等,当货物到达后,根据事先制定好的入库计划,相关人员进行接货处理,在接货处理过程中,涉及入库前的废电池类型核实与计量检验工作。在废电池最终有效回收信息确认清楚后,进行入库登记,根据已分配好的库位信息组织人员进行入库作业,最后生成入库单。此阶段要求工作人员对废电池的回收入库全过程进行管理,管控废电池的回收入库信息、废电池来源信息、订单执行信息等。

货物入库后,会经历一段时期的在库贮存阶段,在此阶段主要涉及的业务有货物查询(掌握贮存货物情况)、货位查询(方便货物的出库安排)、货位调整(方便货物的集中保管及后续货物的入库分配)、在库状态(掌握货物在库信息及仓库信息)和货物盘点(保证在库货物的管保质量)。此阶段要求工作人员对废电池的在库状态进行实时管理,管控废电池的库存数量信息、在库状态信息、在库保管信息等。

在出库管理阶段,相关工作人员根据传输或接收到的出库信息或调库信息,编制出库计划,做好出库准备。在货物出库过程中,首先审核相关出库单据,在审核确认后,安排相关人员进行出库作业,完成该作业后相关方确认后生成出库单。此阶段要求工作人员对废电池的出库全过程进行管理,管控废电池的出库数量信息、出库去向信息以及出库后跟踪信息等。

以上三项核心工作可以实现对废电池的回收信息、订单执行信息、库存数量和仓储条件等信息的掌握。

在上述三项核心工作展开过程中,伴随相关的单据及财务资金信息,故在铅资源循环链仓储及库存管理业务中不可忽视此两项工作。

铅资源循环链仓储网络如图5-8所示。首先,由乡镇(企业)级回收点通过自行建设或收购等方式,利用专用集装箱对回收的废电池进行收集,达到托盘运输标准后对托盘加RFID标签,在对托盘进行捆扎装车后,使用专用车辆运送到区县级仓储中心;同理,区县级仓储中心通过对废电池整合、存储、分类和检测,直接运送到山西吉天利循环经济科技产业园(一级仓储中心)。

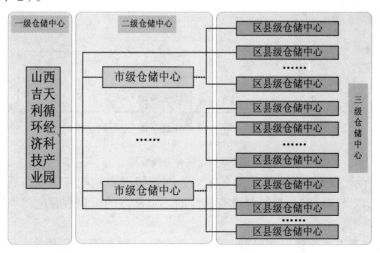

图5-8 铅资源循环链仓储网络

5.2.3.3 运输与配送业务管理分析

运输与配送业务管理是面向物流运输与配送指挥和操作层面的智能化管理,在利用调度优化模型完成车辆调度并生成智能配送计划的基础上,采用多种先进技术对物流配送过程进行智能化管理。铅资源循环链运输与配送管理业务主要包括运输和配送计划制定、车辆调度管理、动态实时跟踪管理、车辆状态及安全管理和统计与分析管理等内容。

运输业务流程主要包括接受运输需求、制定运输计划、车辆调度、包装、装卸车和在途运输等环节,运输业务流程如图5-9所示。

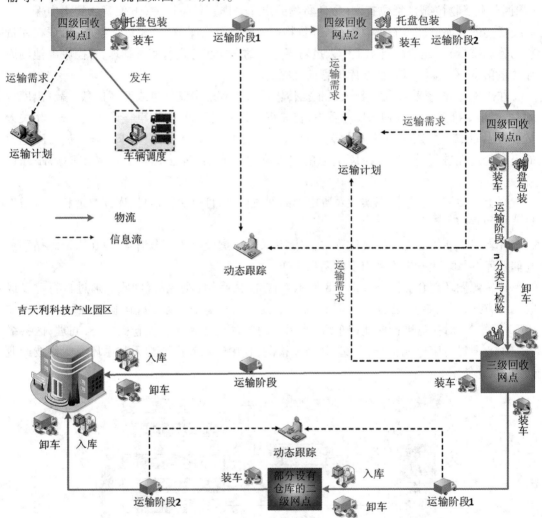

图5-9　运输业务流程图

如图5-9所示,废铅酸蓄电池的业务主要为在四级网点从贮存箱取出后放入托盘打包运往三级网点,以及三级网点与部分设有仓库的二级网点的废铅酸蓄电池直接运往吉天利科技产业园区。

运输与配送环节主要涉及车辆调度作业、出车作业、装卸车作业和收车作业。相关操作流程说明如下:

（1）车辆调度操作流程

车辆调度操作流程主要是根据运单选择合适的车辆,下达运输任务,车辆调度操作流程如图 5-10 所示。

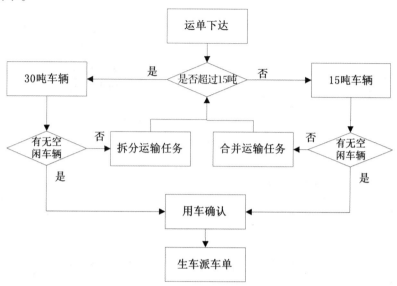

图 5-10　车辆调度操作

当车队没有适合运输任务的车辆时,需要对运单进行调整,拆分或组合运输任务。这样虽然使运输成本增加,但是可以减少时间成本,缩短铅酸蓄电池的周转时间。

（2）出车操作流程

在每次出车前都需要对车辆进行安全检查并填写出车单,出车操作如图 5-11 所示。

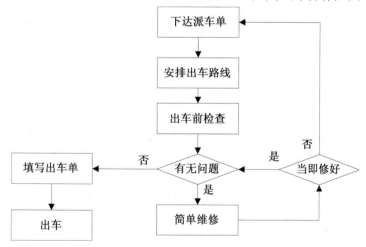

图 5-11　出车操作

（3）装卸车操作流程

在每次装卸车前都需要根据运输单据对货物进行检查,装卸车操作如图 5-12 所示。

进行装卸车作业时均涉及与贮存部的交接,双方人员需要核对运输单据及填写交接单据。

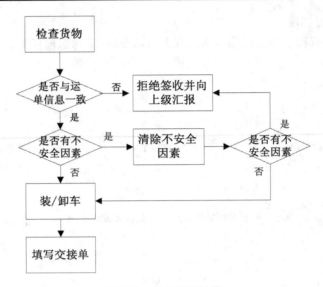

图 5-12　装卸交接操作

（4）收车操作流程

货物运输交接完毕,需要对车辆进行检查回收作业,收车操作如图 5-13 所示。

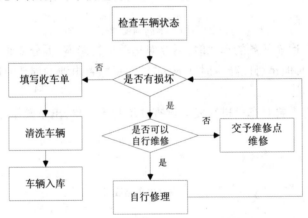

图 5-13　收车操作

铅资源循环链运输与配送管理业务中,除业务流程外,还应重点考虑运输方式和工具、危险废物运输条件和运输与配送方案这三方面内容。

（1）运输方式和工具

将 GPS 与 GIS 结合对运输路线和车辆状态进行实时指挥和监控,对每辆回收专用运输车辆配备 GPS 定位系统,对每个运输托盘贴上 RFID 标签,保证每一回收网点的废铅酸蓄电池的信息从收集开始经过运输到达回收中心的连贯性,保证任何时刻、任何地点对于废铅酸蓄电池的操作和监管有据可循,真正做到动态监控,确保废铅酸蓄电池的数量完整、质量完好。

（2）危险废物运输条件

根据《废电池的储运规范》,针对铅酸蓄电池产品特点及保存条件,运输过程中应达到如下要求:

1）保证干燥、清洁、通风良好,环境相对湿度应小于80%；

2）远离热源,避免阳光直射,避免与任何有毒气体、有机溶剂接触；

3）应捆紧并码放好,防止容器滑动,不得倒置或卧放,不得受任何机械冲击或重压；

4）电池储存容器上必须贴有标识,分别贴上注明废电池类别、组别、数量以及危险废物标签。

另外,运输人员须进行处理危险废物和应急救援方面的培训,包括防火、防泄漏等,以及通过何种方式联络应急响应人员。废铅酸蓄电池运输单位应制定详细的运输方案及路线,并指定事故应急方案和配备应急设施、设备及个人防护设备,以保证在运输过程中能有效减少或防止环境的污染。

（3）运输与配送方案

运输与配送方案的制订应基于选址理论和最优化理论,合理规划回收车辆路线,具体运输方案可参照图5-14所示。根据废铅酸蓄电池回收量制定不同回收路线,可以有效节约运输成本和时间,有利于回收网点的高效运作和组织。

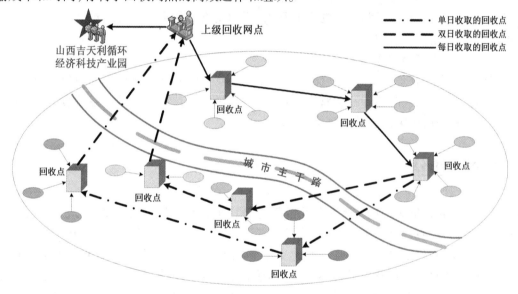

图 5-14　废铅酸蓄电池省内运输方案

废铅酸蓄电池省外运输可由各省所设地市级回收旗舰店,将回收、整合和存储的废电池定量、定期直接运输至山西吉天利循环经济科技产业园。运输方式可采取公铁联运等方式。同时,废电池运输与配送方案还应结合铅蓄电池销售网络结构,进行具体的物流配送方案设计,即正向物流与逆向物流匹配统筹运行。

5.2.3.4　其他业务管理分析

铅资源循环利用体系业务管理除回收网络综合管理、仓储与库存业务管理、运输与配送业务管理外,还包括回收费用与结算管理、客户管理、人力资源管理、电子商务与展示管理和安全管理与应急保障管理等内容。

（1）回收费用与结算业务管理分析

回收费用与结算业务通过在回收点、运输企业、再生铅企业、电池生产企业之间的协同运作,实现铅资源循环利用中的物流、信息流、资金流的准确流通。回收费用与结算业务旨在对铅资源循环过程中每个节点废铅蓄电池的重量(数量)进行管控,并完成财务结算,配合政府主管部门规范建立铅资源循环利用市场管理机制。

(2)客户管理分析

客户管理业务通过不断了解顾客需求,对铅酸蓄电池产品及服务进行改进和提高以满足顾客的需求。其核心是企业利用信息技术和互联网技术实现对客户的整合营销,是以客户为核心的企业营销的技术实现和管理实现。

(3)人力资源管理分析

人力资源业务管理是指通过招聘、甄选、培训、报酬等管理形式对企业内外相关人力资源进行有效运用,满足企业当前及未来发展的需要,保证组织目标实现与成员发展的最大化。

(4)电子商务与展示管理分析

电商业务是以通信技术和信息技术替代传统交易过程中存储、传递、统计、分布等环节,实现企业与供应商、销售商和客户的商业互动,达到使物流和资金流等实现高效率、低成本信息化管理、网络化经营的目的。

(5)安全应急业务管理分析

安全应急业务管理主要是在仓储、运输、配送等业务中遇到突发情况时,将快速接收突发事件的相关信息,及时通知相关管理人员,分析选择应急预案并启动应急流程,以求用最有效的方式快速解决突发事件。

5.3 本章小结

本章对铅足迹循环利用体系业务及运营进行了研究,结合闭环循环链的方法,对废铅电池回收逆向物流组成的闭合循环链模式及循环链运营模式选择进行了分析;基于管理的基本思想和方法,对铅足迹循环链管理模式及内容进行了研究;针对铅资源循环链业务需求和特点,设计了四种回收运营模式,并对废铅酸蓄电池回收网络进行了分析设计;从运营层面出发,对铅资源循环利用业务管控作了深入分析,为铅资源循环利用业务的开展作了理论支撑。

参考文献

[1]范江华.企业逆向物流运作方式研究[D].上海:上海海事大学,2004.

[2]王磊,许绘萍.企业逆向物流的运作方式及选择[D].河南农业大学,2008(22):63-64.

[3]庞明川.企业信息化之物流管理信息系统的规划与设计[D].青岛:山东科技大学,2011.

[4]陈松.我国中小企业人力资源管理探析——以四家建筑工程公司为例[J].现代企业文化,2010(12):88-90.

第6章 平台建设的主要内容

本书设计的信息服务平台主要包括两个中心,一是"铅足迹"循环链综合管理平台,二是铅资源循环利用运营管控平台。

通过对铅资源循环利用体系的业务体系及流程分析,并结合信息服务平台的需求,本书将对铅资源循环利用信息服务平台内容进行规划设计,其中包括平台总体框架建设、平台总体规划与设计以及平台建设特色。

6.1 信息服务平台建设总体框架

根据铅产业业务需求及技术分类,铅资源循环利用信息服务平台的框架建设围绕"铅足迹"循环链综合管理平台、铅资源循环利用运营管控平台两大平台为核心内容来展开。此外,要保证信息服务平台的正常运营,还需要相关技术与设备作为支撑,如图6-1所示。

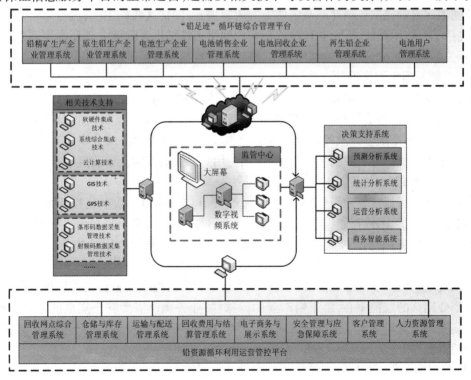

图6-1 铅资源循环利用信息服务平台总体结构图

如图 6-1 所示,"铅足迹"循环链综合管理平台、铅资源循环利用运营管控平台作为整个信息服务平台的核心架构,实现了对铅产业链中的铅资源信息管理以及对铅产业中的生产、运输、销售等环节的运营与管控,两个子平台共包含了 16 个应用系统,各应用系统依靠条形码技术、RFID 技术、云计算技术、系统综合集成技术等关键技术的辅助应用来实现其各自功能,各终端的数据及图像信息传输到综合监管中心,并由决策支持系统与数字化视频系统集成后对信息处理加工,最终反映到大屏幕上。

6.2 信息服务平台建设主要内容

6.2.1 铅资源循环利用信息服务平台建设总体规划与设计

铅资源循环利用体系的业务分为核心业务、辅助业务以及增值业务三个层次。其中,核心业务包括电池生产、废电池回收、分类与监测、电池销售、再生铅生产等;辅助业务包括物流管理、环境管控、安全管理、废料综合利用、代维服务等;增值业务包括电子商务、管理服务、信息服务、科技研发、综合管理服务、循环链设计与管理服务。信息服务平台将围绕不同业务进行分析,并最终服务于各项业务。本书设计的两个子平台分别是"铅足迹"循环链综合管理平台与铅资源循环利用运营管控平台,铅循环利用信息化建设的总体规划如下:

(1)平台总体结构设计

信息服务平台总体结构设计主要是基于"铅足迹"循环链综合管理中的各环节以及铅资源循环利用运营管控的各项业务系统两方面内容展开,围绕这两条主线,进行平台总体结构设计,包括平台技术路线、平台总体技术架构和网络拓扑结构。除此之外还需要通信网络的连接、相关的系统集成技术与数据库技术、机房的设置与视频系统的配合应用。

(2)计算机通信网络设计

结合信息服务平台特点及参与企业对计算机网络的基本需求,对计算机网络体系结构与设备、数据传输与通信接口、数据链路控制、公用数据交换网、互联网的架构进行系统分析,把各相关业务系统上分散的资源融为有机整体,实现资源的全面共享和有机协作,提升平台上的业务系统信息资源的整体能力,使相关用户及人员按需获取信息。

(3)数字化视频系统设计与建设

在相关业务运营区域建设数字化视频系统,提升监管能力。数字化视频系统不仅需要满足动态图像采集、图像存储、应急指挥等需求,还要兼顾铅资源回收利用过程的事故预警、安全生产监控等方面对图像监控的需求,同时还要考虑与其他应用系统间的相互集成与联动。

该系统通过模拟矩阵实现前端视频资源的切换和云台控制。云台的设置地点位于吉天利科技产业园区的监控中心,由于铅产业的特殊性,业务操作需要安全规范的环境与监管,因此前端视频设施设置区域位于园区内部、二级回收旗舰店、负责运输的车辆或与园区关联度高的地点。

(4)数据库解决方案以及系统集成方案设计与实施

根据业务需求与业务体系,铅资源循环利用信息服务平台数据库采用云计算技术与

Saas 服务模式。数据采集点分布于全省、全国各地的相关区域,其中包括"铅足迹"循环链综合管理平台内所涉及的各级单位,即铅资源的生产、使用、销售等情况,也包括了铅资源运营管控过程中的各项业务过程,如仓储、运输、回收费用与结算管理等;数据集中点位于山西吉天利科技产业园区内。

由于铅资源循环利用体系所涉及的行业范围广、业务种类繁杂,因此,其所需要的应用系统间存在较大的差异。基于这种情况,该平台将采用系统综合集成技术,包括系统开发与实施技术、标准化技术、经营管理及决策技术、环境支持技术与系统数据集成技术。

(5)综合监控中心规划与建设

山西吉天利循环经济科技产业园区作为国家铅资源回收利用建设的试点单位以及废电池的一级回收中心,将综合监控中心设置在其产业园区内有重大意义。

综合监控中心是信息服务平台建设的核心内容,它将在两大子平台、共 16 个应用系统综合集成后形成,其功能实现具体依托平台的决策支持系统。监控中心建设是根据业务监管过程及系统集成的建设方案,完成相关应用系统与数字视频系统的综合集成。集成后,依托决策支持系统与视频切换装置,将可以实现对整个业务系统以及对"铅足迹"循环链的综合监控。

6.2.2 "铅足迹"循环链综合管理平台规划与设计

"铅足迹"循环链综合管理平台基于铅生产、铅销售、铅应用、铅回收、铅再生的五大环节,并根据各节点的核心业务、辅助业务与增值业务间的关联关系,设计其应用系统,为"铅足迹"循环链综合管理平台提供技术支持与保障。

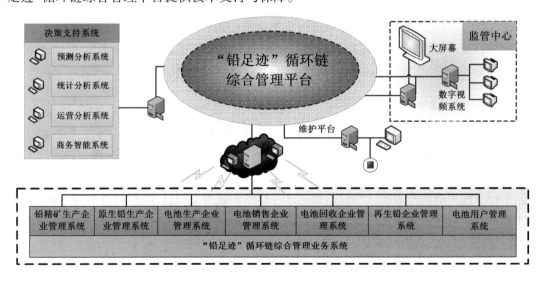

图6-2 "铅足迹"循环链综合管理平台总体结构

本书围绕铅生产、铅销售、铅应用、铅回收、铅再生 5 大环节,设计 7 个应用系统,并结合决策支持系统,通过系统集成技术,搭建"铅足迹"循环链综合管理平台。平台建成后,能够让循环链中的各节点将铅资源采集量、使用量、销售量等关键数据上传到循环链管理平台中,实现相关部门对铅资源流向与流量的全程管控。

6.2.3　铅资源循环利用运营管控平台规划与设计

铅资源循环利用运营管控平台以回收网络为核心,强调废铅酸蓄电池的回收、储存、运输、再生全过程的管控。该平台基于对铅产业中涉及的仓储与库存、运输与配送、销售与回收再利用等业务过程的综合管理,铅资源循环利用管控平台内各应用系统结合其业务流程与体系而设计。

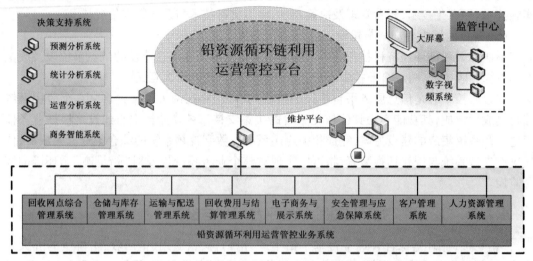

图 6-3　铅资源循环利用运营管控平台总体结构

铅资源循环利用管控平台以回收网络为核心,强调物流管理、安全管理、回收费用与结算管理、电子商务管理等运营内容,平台由 9 个应用系统共同集成,基于决策支持系统,并通过系统接口技术,实现业务应用系统间的互联互通与信息共享,从而降低成本、提高业务运营效率与管理水平,达到业务运行管理的集中化、可视化、规范化与智能化等目标。

6.2.4　数据集成解决方案

对“铅足迹”循环链综合管理平台与铅资源循环利用管控平台两个子平台进行数据的集成,把两平台内不同来源、格式、特点性质的数据进行有机地集中,从而为企业与政府部门提供全面的数据共享。

平台所使用的数据集成技术包括数据聚合技术和数据集中技术,通过这些技术的应用,可实现在各类应用系统内完成永久数据的采集、创建、更新查询、清洗、转换、加载等系统操作,还可以完成数据访问权限、完整性约束规则的建立与维护。

6.3　平台建设特色及要求

6.3.1　建设意义重大

本平台是我国首个用于铅资源循环利用的信息服务平台,服务对象既包含铅循环链中的各运营企业,也包括起综合监管作用的政府部门。因此,本平台的建设意义不同于传统意义上的信息服务平台,它更代表了循环经济领域中一个全新的经营和管理模式,为今后我国所开展的各项循环经济产业起示范和带头作用。此外,引入的先进理念,运用的前沿信息技术以及全新的表现形式,使平台建设基本架构和功能更具特色。

6.3.2 系统的高度集成

本平台由于应用系统属性多样,功能各异,必须有高度统一的规划和设计。总体结构设计必须满足信息的互联互通,数据高度共享,并具备足够的灵活性,既能将两大平台下的16个应用系统高度集成于一体,又能满足新开发的应用系统的接入,完成系统集成、功能集成以及界面集成。

6.3.3 高性能的计算机通信网络

本平台的建设,在既有计算机通信网络的基础上,必须从网络服务能力,数据通信能力等方面重新设计和完善。既要满足属性数据的传输,又要完成大量空间数据的传输,不发生数据拥堵,并保证数据的准确性、实时性和完整。

6.3.4 数据的复杂性及高度集成性

在本项目中建设的信息系统,数据的来源复杂,既有来自于"铅足迹"循环链中的铅资源使用数据,又有在铅产业的业务过程中的业务系统数据;数据属性复杂,两个平台的使用对象也互有区别,铅足迹循环链综合管理平台更多为政府及相关监管部门所服务,而铅资源循环利用管控平台面向的是相关铅生产企业;数据使用复杂,由于平台的高度关联性与相对独立性,因此既有单一应用系统使用多个数据库,又有单一数据库对应多应用系统使用。

6.3.5 综合应用一流的先进技术

本书针对铅循环链涉及的管理部门和相关企业,基于"铅足迹"循环链综合管理和铅循环利用体系管控功能需求,应用一流的信息技术进行平台建设。

平台所涉及的主要技术包括系统综合集成技术、系统架构技术、物联网相关技术以及云计算技术。其中系统综合集成技术包括数据集成技术、系统环境支持技术、经营管理及决策技术、标准化技术、建模及系统开发与实施技术;系统架构技术包括 SOA 架构技术、Web Service 技术、中间件技术、数据挖掘技术;物联网技术包括 RFID、EPC 技术、条形码技术、传感网络技术、信息安全技术;云计算技术包括数据管理技术、数据存储技术以及服务改善技术。先进技术的应用将使平台能够更好地为各用户服务。

6.4 本章小结

本章通过对铅资源循环利用体系的业务体系及流程的分析,并结合信息服务平台的需求,对铅资源循环利用信息服务平台内容进行了规划设计,其中包括平台总体框架建设,平台总体规划与设计以及平台建设特色。铅资源循环利用信息服务平台的框架建设是围绕

"铅足迹"循环链综合管理平台、铅资源循环利用运营管控平台两大平台为核心内容展开的。该信息服务平台具有建设意义重大,系统的高度集成,数据的复杂性及高度集成性,综合应用一流的先进技术的特色及要求,它的建设为今后我国所开展的各项循环经济产业起示范和带头作用。

参考文献

[1]仝新顺.物流园区信息系统平台建设框架体系与规划策略[J].郑州轻工业学院学报,2008(9):1.

[2]龚志峰,范守文,李刚.现代物流园区的信息系统建设[J].科技进步与对策,2005(5).

[3]刘恒.现代物流园区信息平台的构建与实现[D].大连:大连理工大学,2006.

[4]李玉民,刘珊中,李旭宏.区域物流信息平台框架分析[J].河南科技大学学报,2004(1).

[5]李远远.智慧物流信息平台规划研究[J].学术论坛,2013(5).

[6]赵争.省级物流信息平台的规划研究[J].计算机工程与科学,2008(5).

[7]赵振峰,崔南方,陈荣秋.区域公共物流信息平台的功能定位及运行机制研究[J].物流技术,2004(4).

[8]张彤.制造业物流信息平台的构建[J].制造业自动化,2013(11).

第7章　信息服务平台总体设计

7.1　总体设计目标

基于铅资源循环利用信息服务平台建设基础及需求分析,结合铅资源循环利用业务体系设计,通过铅资源循环利用体系运营及回收方案分析,围绕"铅足迹"循环链综合管理子平台及铅资源循环利用管控子平台建设的主要内容,将铅资源循环利用信息服务平台的设计总体目标概括为以下几个方面:

(1)为铅资源循环利用信息服务平台搭建良好的基础环境

建立良好的通信基础设施,提供铅资源循环利用信息服务平台面向对象的数据交换基础设施;实现铅资源循环利用体系的信息化管理,提高基础设施利用率。

(2)搭建基于系统综合集成技术、云计算技术等关键技术的铅资源循环利用信息服务平台

通过系统综合集成技术可以把子平台及其子系统综合集成为一个一体化的、功能更加强大的新型平台,同时借助于云计算技术吸引相关企业将其信息系统建立于云计算平台之上,更好地满足铅循环链各环节企业及政府管理部门对于铅资源信息的需求。

(3)整合"铅足迹"循环链各环节信息资源,实现体系各企业部门间信息资源共享

铅资源循环利用信息服务平台的建立能够整合"铅足迹"循环链各环节的铅资源信息,以铅信息为纽带,支持循环链各环节企业及政府管理部门之间铅资源信息的高度共享,实现铅资源信息的全面整合和优化配置。

(4)为"铅足迹"循环链综合管理及铅资源循环利用运营管控提供信息化支撑

通过构建"铅足迹"循环链管理子平台和铅资源循环利用管控子平台,实现循环链各环节企业的生产运营信息及铅酸蓄电池运输、仓储及回收等信息的共享,实现铅资源循环利用体系的信息化监管,从而为"铅足迹"循环链综合管理及铅资源循环利用运营管控提供信息化支撑。

(5)实现"铅足迹"循环链全过程管理

铅资源循环利用信息服务平台通过采集循环链中相关企业的铅开采、铅生产、铅销售、铅应用、铅回收及铅再生信息等,对铅资源从开采到回收、再利用整个流程进行管控,实现铅流转过程的信息化监管,完成"铅足迹"循环链全过程管理。

(6)实现铅资源可持续利用,发展循环经济

通过构建铅资源循环利用信息服务平台,实现铅资源循环链正、逆向流程的闭合管理,

提高铅资源循环利用率,形成"生产－消费－再生利用"的良性循环模式,实现铅资源可持续利用,发展循环经济。

7.2　指导思想与设计原则

7.2.1　设计指导思想

基于铅资源循环利用信息服务平台的总体设计目标,结合铅资源循环利用体系业务及运营分析,围绕"铅足迹"循环链综合管理子平台及铅资源循环利用管控子平台的核心业务,信息服务平台总体设计指导思想为:

(1)两个核心

基于铅开采、铅生产、铅销售、铅应用、铅回收及铅再生的全过程管理的目标,铅资源循环利用信息服务平台的建设围绕"铅足迹"循环链综合管理及铅资源循环利用管控两个核心展开,保证铅资源信息的高度共享。

(2)提供全方位的信息服务

通过构建铅资源循环利用信息服务平台,提供铅开采、铅生产、铅销售、铅应用、铅回收及铅再生等全方位的信息,提高运营效率、降低成本、增进客户服务质量。

(3)兼顾正逆向物流的全面综合管理

平台建立时要兼顾正逆向物流的特点,实现整个铅产业链的闭合管理,提高铅资源循环利用率,形成"生产－消费－再生利用"的良性循环模式。

(4)整体规划、优化建设过程

构建铅资源循环利用信息服务平台涉及两个核心子平台、多个子系统,是项复杂的系统工程,因此要确保在总体上把握全局,没有疏漏,通过对子平台的业务系统整合,优化信息服务平台建设过程。

(5)结构化与系统化

铅资源循环利用信息服务平台的开发与设计需要利用结构化的系统设计方法将其分解成相对独立的、简单的子系统,子系统再分解成简单的模块直至底层每个模块都是可以具体说明和执行的为止;同时要保证子系统的运行与整个信息服务平台的运行保持一致,保障信息服务平台的高效运行。

7.2.2　设计原则

铅资源循环利用信息服务平台是一个庞大而复杂的系统,因此在系统建设上要采用先进的建设思想,不仅能够满足用户当前的需求,而且能够随着需求的增加而扩展。平台设计采取的技术路线是:采用成熟的软、硬件技术,努力开拓建设信息服务平台的新技术。因此系统在保证经济实用的前提下,还要遵循如下原则:

(1)规范性

铅资源循环利用信息服务平台必须支持各种开放的标准,不论操作系统、数据库管理系统、开发工具、应用开发平台等系统软件,还是工作站、服务器、网络等硬件都要符合当前主流的国家标准、行业标准和计算机软硬件标准。

（2）先进性

在平台构建过程中应尽可能地利用一些成熟的、先进的技术手段，使平台保持较高的水平。

（3）可扩展性

铅资源循环利用信息服务平台的规划设计要考虑未来新技术的发展对平台的影响，保证平台改造与升级的便利性，用以适应新的技术与新的应用功能的要求。

（4）开放性

铅资源循环利用信息服务平台应充分考虑与外界信息系统之间的信息交换，因为它是一个开放的系统，需要通过接口与外界的其他平台或是系统相连接，因此该平台的规划设计要充分考虑到平台与外界系统的信息交换。

（5）安全可靠性

铅资源循环利用信息服务平台的业务系统面向的用户企业涉及整个铅产业链，在业务系统上流动的信息直接关系到用户的经济利益，并且这些系统都是高度共享的，因此要保证信息传输的安全性，只有保证系统的高度安全，才能为用户的利益提供保障。

（6）完整性

按照系统工程设计方法，全面考虑铅资源循环链的主要环节，充分考虑各环节铅资源信息；充分利用仓储与库存管理系统、运输与配送管理系统、回收网点综合管理系统等实现系统信息共享，满足各环节用户的信息需求，使整个系统发挥出总体效益。

7.3 总体技术路线

基于铅资源循环利用信息服务平台建设基础及需求分析，结合铅资源循环利用业务体系设计，围绕铅资源循环利用信息服务平台建设的主要内容，对铅资源循环利用信息服务平台进行总体设计，从而进行详细的平台应用系统设计，完成应用系统建设与实施、平台系统测试与综合评估等相关工作，总体设计技术路线如图 6-1 所示。

7.4 信息服务平台总体架构

基于铅资源循环利用体系建设基础及需求分析，结合铅资源循环利用业务体系及业务流程，面向平台的总体设计目标，围绕铅资源循环利用信息服务平台建设的主要内容，包括两个子平台，构建如图 6-2 所示的信息服务平台总体架构。

7.4.1 基础环境层

（1）支撑环境层

支撑环境层包括系统的运营环境、操作系统环境、数据库及数据仓库环境。它们为铅资源循环利用信息服务平台核心业务系统运行、开发工具的使用、Web Service 服务和大规模数

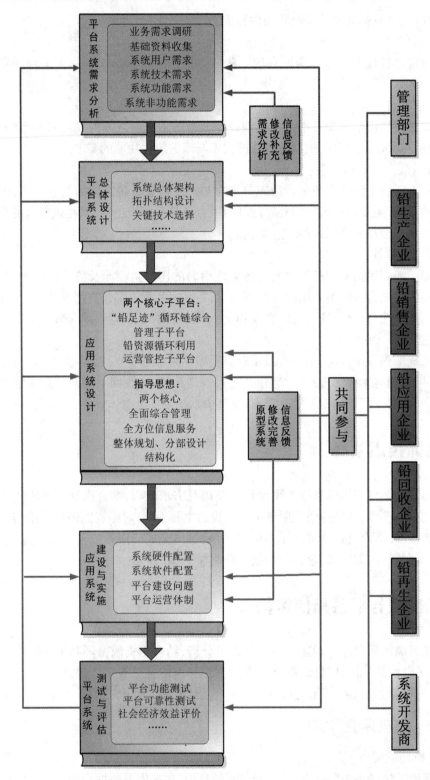

图 6-1　总体技术路线图

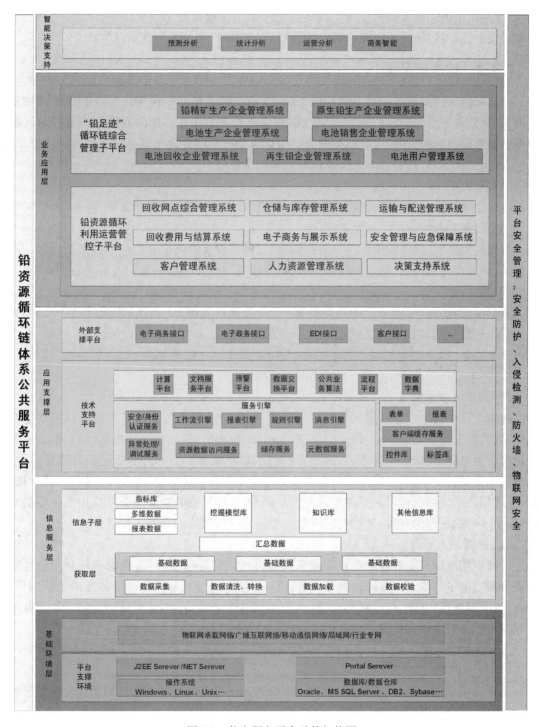

图 6-2 信息服务平台总体架构图

据采集与存储等提供了环境支撑,保障了整个平台架构的运营环境完整性。

(2)网络层

主要提供平台运行的网络环境,包括物联网的承载网络、广域互联网、局域网、移动通信网,以及网络设备和接入隔离设备。网络层与相关系统接口可为 Web Service 信息服务、资源寻址服务等提供基础,用以支持各企业及政府部门进行相关业务的信息传输。

7.4.2 信息服务层

信息服务域由数据层和获取层构成,它通过商业智能技术手段深化企业数据的精加工能力,在综合管理平台中构造集中提供数据和信息服务的实体。面向数据实体通过对数据和数据处理进行组织封装,形成数据服务。信息服务域不仅为管理服务域提供数据支撑,同时还为综合管理平台外的其他系统提供数据和信息服务。

(1)获取层

获取层涵盖综合管理平台从各子系统中采集相关各类数据,进行清洗、转换、加载到数据库的全过程。

各数据源主要包括:铅生产、铅销售、铅应用、铅回收及铅再生五大环节数据及仓储与库存数据、运输与配送数据、网点回收数据、回收费用与结算管理数据等。

(2)数据层

数据层实现综合管理平台中基础数据、汇总数据以及深加工后的数据、信息的集中管理。数据层包括基础数据、汇总数据、信息子层三个部分。

7.4.3 应用支撑层

(1)技术支持平台

技术支持平台一方面通过服务引擎与资源、数据访问服务与数据采集技术相关功能有机的结合,以安全认证服务、工作流引擎、报表引擎、规则引擎、异常处理机制、元数据服务等关键功能为基础,实现数据管理、业务过程执行引擎功能等。另一方面通过云计算平台、数据交换平台、数据字典等对采集到的数据在业务应用方面提供传输、处理、转换等功能支持。此外,应用技术支撑层还引入了相关开发工具集,为各种复杂的铅产业商业应用系统提供专业、安全、高效、可靠的开发、部署和运行铅资源相关应用软件的开发工具平台。

(2)外部接入平台

外部应用支撑层主要包括企业完成各项业务所需的外部接口,铅资源循环利用信息服务平台通过电子商务、客户接口、电子政务、EDI 等接口与"铅足迹"循环链各环节企业用户、政府机构、服务机构等的信息系统对接,从而实现各企业的协同工作与服务,实现各企业部门间有效的信息协同和信息共享。

7.4.4 业务应用层

业务应用层主要包括"铅足迹"循环链综合管理子平台和铅资源循环利用运营管控子平台,共包含 16 个子系统。

(1)"铅足迹"循环链综合管理子平台

该平台主要针对铅循环链中涉及的铅开采、铅生产、铅销售、铅应用、铅回收及铅再生等环节的企业,整合其管理系统信息资源,对循环链中企业铅的流入、流出信息进行管理,实现企业部门间的资源共享,提高铅资源的高效利用,降低企业的运营成本。

（2）铅资源循环利用运营管控子平台

该平台主要针对铅资源循环利用运营过程,通过铅酸蓄电池的仓储、运输信息、回收信息等信息的共享,实现电池(或极板)生产企业、回收企业、电动自行车协会、汽车工业协会、通信行业协会等部门回收铅资源的整合,服务于吉天利循环经济产业园区及旗舰店以下各回收网点,为铅资源的高效率回收提供保障。

7.4.5　智能决策支持

应用数据挖掘、专家系统与商务智能等技术,通过集成各应用系统,辅助决策者进行预测分析、统计分析,模拟决策过程和方案的环境,调用各种信息资源和分析工具,帮助决策者提高政府管理部门及企业高层的智能决策水平和服务质量,帮助"铅足迹"循环链各环节企业实现智能化管理。决策支持系统需要包括统计分析子系统、预测分析子系统、运营分析子系统以及商务智能子系统,通过对业务的数字化与图形化分析,为管理人员提供报表展示、业务评估以及辅助决策等服务,确保各项业务顺利开展。

7.5　信息服务平台总体技术架构

基于铅资源循环利用信息服务平台建设的总体设计目标,结合铅资源循环利用业务体系及业务流程,面向铅资源循环利用信息服务平台总体架构设计,构建可以随需求的变化而不断发展和优化的总体技术构架。信息服务平台总体技术架构如图6-3所示。

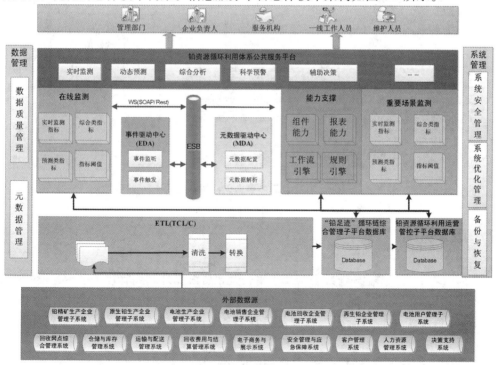

图6-3　信息服务平台总体技术架构图

铅资源循环利用信息服务平台采用面向服务的 SOA 设计理念,充分考虑平台的扩展性、标准性和安全性,以事件驱动和元数据驱动来响应系统产生的事件和应对用户需求、展现形式的变动,以组件能力来实现快速开发,以报表能力实现用户对报表的样式的定制和快速开发要求,以工作流引擎和规则引擎来更好地满足用户的业务流程和业务规则。

7.6 信息服务平台总体网络拓扑结构

结合云计算技术,围绕两个核心子平台的建设的主要内容,面向铅资源循环利用信息服务平台主要的用户企业及政府部门,提高企业间的通信效率,增强铅资源管理部门间的有效沟通和协同作业,加强对基础数据的安全维护,构建如图6-4所示的信息服务平台网络拓扑结构。

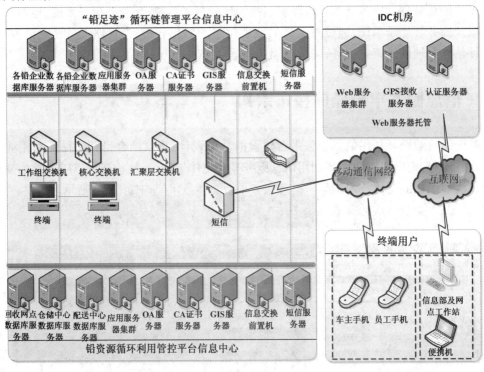

图6-4 信息服务平台网络拓扑结构图

7.7 本章小结

本章围绕"铅足迹"循环链综合管理子平台及铅资源循环利用管控子平台建设的主要内容,提出了铅资源循环利用信息服务平台的设计总体目标、设计指导思想及设计原则,按照信息服务平台设计总体技术路线,构建了信息服务平台总体架构图,它包括基础环境层、信息服务层、应用支撑层、业务应用层、智能决策支持五大层次,并对信息服务平台总体技术架构进行了分析,构建了信息服务平台总体构成网络拓扑结构图,为铅资源信息服务平台的建设打下基础。

参考文献

[1]王守茂主编.管理信息系统的分析与设计[M].天津:天津科技翻译出版公司,1993.

[2]王喜富.物联网与物流信息化[M].北京:电子工业出版社,2011.

[3]宋红梅.钢铁物流园区信息平台规划及设计研究[D].武汉理工大学,2009.

[4]李力.物流信息平台构建与应用研究[D].武汉理工大学,2006.

[5]崔南方,刘英姿,赵振峰,等.区域公共物流信息平台系统设计[J].科技进步与对策, 2004,21(8):142-144.

[6]王军.黑龙江龙运物流信息系统规划研究[D].哈尔滨工业大学,2006.

[7]洪向东,赵昆.信息系统规划理论及其实现途径研究[J].云南财贸学院学报,2006,22 (1):80-84.

[8]冀鹏.企业信息化建设现状与信息系统规划分析[J].内蒙古科技与经济,2009(18): 34,36.

[9]姜大立,龙运军,胡曙,等.虚拟物流企业信息化技术体系[J].重庆大学学报(自然科学 版),2007,30(5):154-158.

第8章 平台建设的关键技术

8.1 系统综合集成技术

系统综合集成技术不是简单地将各子系统进行组合,而是以提高系统互操作性为主要目标。铅资源循环利用信息服务平台涉及 2 个子平台、16 个子系统,通过系统综合集成技术可以将这些分离的子系统有机地组合成一个一体化的、功能更加强大的新型系统,系统综合集成技术构成如图 8-1 所示。

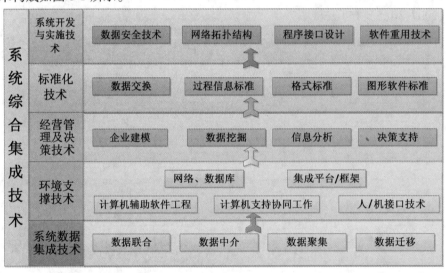

图 8-1 系统综合集成技术

8.1.1 系统数据集成技术

系统数据集成技术包括数据联合、数据中介、数据聚集及数据迁移等,通过这些技术的应用可实现在核心子平台内完成永久数据的创建、更新查询等平台操作,还可以完成数据访问权限、完整性约束规则的建立与维护。

数据联合和数据中介是数据聚合的两种实现方式,通过数据聚合工具产生一个虚拟的系统数据库,可以集成铅开采、铅生产、铅销售、铅应用、铅回收、铅再生各环节企业管理系统数据及回收网点数据、仓储与库存数据、回收费用与结算管理数据等,以统一的视图方式来表现;包括数据复制和数据迁移数据集中两种实现方式,通过数据转换工具可以实现在上述各类数据库之间进行模式映射,将一个数据库中的数据复制、转换为另一个数据库中的数据,从而将多个数据库中的数据集中到统一的总体数据库。

8.1.2 环境支撑技术

铅资源循环利用信息服务平台涉及 2 个子平台、16 个子系统,面向的是各类复杂系统集成的问题,而系统的集成需要解决各类硬件设备、应用软件等与子平台、人员配备相关的一切问题,这些都需要支撑环境的支持。环境支撑技术包括网络、数据库、集成平台/框架,计算机辅助软件工程,计算机支持协同工作及人/机接口技术。

8.1.3 经营管理及决策技术

铅资源循环利用信息服务平台的总体设计目标需要有各种决策,经营管理及决策技术从全局出发,为决策者提供多角度、多层面的决策服务支持。通过企业建模为"铅足迹"循环链各环节企业提供一个框架结构;借助于数据挖掘、信息分析等技术,为企业管理者的决策制定提供支持。

8.1.4 标准化技术

标准化技术包括数据交换、过程信息标准、数据交换与格式标准、图形软件标准等。图形软件标准是核心子平台的各界面之间进行数据传递和通信的接口标准,称为图形界面标准。

8.1.5 系统开发与实施技术

系统开发与实施技术包括数据安全技术、网络拓扑结构、程序接口技术及软件重用技术等,通过这些技术,可以保证平台内各个子系统的网络接口之间传输的数据安全,同时开发过程中尽可能重复使用已有的软件元素在保证软件质量的基础上加快开发速度,提高软件生产率。

8.2 全球卫星实时定位及监控技术

全球卫星实时定位及监控技术可以实时获取不同精度的铅资源信息,大范围内数据传输,在整合铅信息资源的同时加快铅资源信息的流通、节约成本、提高各类铅生产运营企业的市场竞争能力。

基于全球卫星实时定位及监控技术的铅资源循环利用信息服务平台能够对一级回收中心、旗舰店及区县、乡镇级回收中心之间的运输过程及运输车辆进行精细化调度管理,并实现动态实时监控,统筹安排最佳的铅及铅酸蓄电池产品运输路径、最优装载量,保证及时安全准确的运送工作。

8.3 SOA 架构技术

SOA 架构技术是一个组件模型,它将应用程序的不同功能单元通过这些服务之间定义良好的中立接口和契约联系起来,其架构模式如图8-2所示。

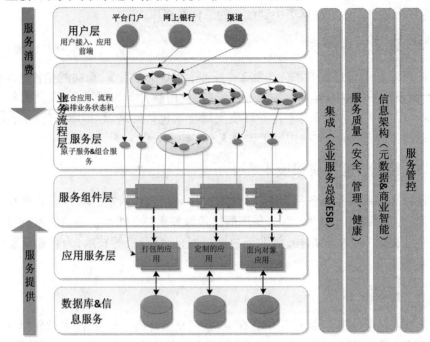

图 8-2　SOA 架构示意图

基于 SOA 架构技术的铅资源循环利用信息服务平台划分成基础环境层、信息服务层等五大层次,整合铅资源循环利用各服务层次,能够对铅资源循环利用核心业务的变化做出快速反应,呈现一个可以支持有机业务构架的能力。

8.4　云计算技术

8.4.1　云计算技术的实现

云计算是一种商业计算模型,它将计算任务分布在大量计算结构构成的资源池上,使用户能够按需获取计算力、存储空间和信息服务。基于云计算技术的回收网点管理系统可以通过建立云计算服务平台,为电池回收商提供分布异构海量废铅酸蓄电池数据的分析与挖掘服务,从而为回收企业的决策管理与业务流程的优化提供支持。

8.4.2　云计算技术的平台应用

目前我国铅产业涉及铅生产、铅销售、铅应用、铅回收及铅再生等五大环节,回收及再生环节较复杂,而更多产能的出现使得铅产业复杂性更高、分布更广。结合云计算的虚拟化、平台管理、海量分布式存储、数据管理以及并行编程模式等关键技术,可以将云计算技术在铅资源循环利用信息服务平台应用概括为以下几个方面:

（1）异构信息资源的集成与管理

铅资源循环利用过程涉及企业众多,存在不同的应用系统、数据格式,导致铅资源与信息分散、异构性严重、横向不能共享和上下级间纵向贯通困难。基于云计算技术的铅资源循环利用信息服务平台能实现大量异构业务数据信息与铅资源的整合优化,建立业务协同和互操作的信息服务平台,满足铅资源循环利用对信息与资源的高度集成与共享的需要。

（2）铅资源数据的分布式存储与管理

在铅资源循环利用信息服务平台中,铅资源信息管理的系统种类繁多,数据量较大,铅产业现有的系统采用关系数据库系统等常规数据存储与管理的方法无法满足海量数据存储与管理的需求。云计算采用分布式存储的方式来存储海量数据,并采用冗余存储与高可靠性软件的方式来保证数据的可靠性。

（3）快速的铅资源循环利用信息服务平台并行计算与分析

为实现铅资源循环利用体系的安全稳定运行,需要在铅资源循环利用信息服务平台提供的大量数据的基础上,进行大规模的铅资源循环利用的计算、分析、优化、决策。云计算可以为铅资源循环利用信息服务平台的计算提供高性能的并行处理能力,并提供并行编程模式使并行算法的开发变得简单方便。

8.5　数据仓库与数据挖掘技术

8.5.1　数据仓库技术

数据仓库是一个面向主题的、集成的、相对稳定的、随时间不断变化的数据集合,用于支持管理决策。数据仓库系统运作流程如图 8-3 所示。

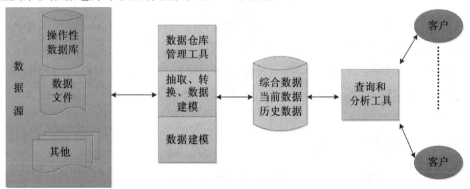

图 8-3　数据仓库运作流程图

铅资源循环利用信息服务平台涉及的铅生产、铅销售、铅再生等环节的企业信息复杂多样,各企业有各自的数据库。直接在这些数据库的基础上进行共享检索和查询,这需要去了解众多数据库的结构及变化情况。因此,要得到决策支持信息就必须使用大量的历史数据,对企业已有的各个数据系统的基础上建立用于决策的数据仓库,将数据仓库技术应用于铅资源信息管理,可以辅助管理者的决策。

8.5.2 数据挖掘技术

数据挖掘是从大量的、不完全的、有噪声的、模糊的、随机的实际应用数据中,提取隐含在其中的、事先不知道的、但又是潜在有用的信息和知识的过程。一般数据挖掘过程如图8-4所示。

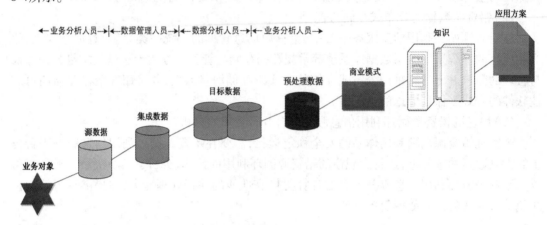

图 8-4 数据挖掘过程

基于数据挖掘技术信息服务平台的应用可以从铅资源信息中提取具有决策价值的信息,以铅资源信息为纽带,围绕"铅足迹"循环链综合管理和铅资源循环利用运营管控的核心业务,有效地对铅资源循环利用体系业务进行整合,实现核心业务系统的高度集成。

8.6 数据库技术

数据库技术主要划分为两大类:操作型处理和分析型处理。前者主要为企业的特定应用服务;后者则用于管理人员的决策分析,经常要访问大量的历史数据。结合数据仓库及数据挖掘技术的新的数据库技术能创造一种新型体系化环境,实现由面向应用到模型分析的转变。数据库的设计包括信息数据的管理、数据存储与交换的标准规范、数据库分布与逻辑设计三个部分。

8.6.1 信息数据的管理

基于数据库技术的铅资源循环利用信息服务平台应用为提供全面、有效的信息服务,需要完成三个方面的任务:首先,必须实现数据的组织、存储、分布、维护、和安全管理;其次,必须实现对信息的分析和处理;第三,必须实现对信息的深度挖掘和综合以及决策支持分析。

8.6.2 数据存储与交换的标准规范

铅资源循环利用信息服务平台的数据交换规范在充分借鉴国外建设数据交换标准经验的基础上保持与国际标准兼容。信息数据交换规范主要由三部分构成:信息数据字典、数据模型、数据管理机制,其中涉及信息数据质量保证、数据访问安全管理等内容。

8.6.3 数据库分布与逻辑设计

图 8-5 为平台中数据与数据库的关系,以及数据库的分布、维护和安全管理策略。在信息服务平台中只设立一个中心数据库,与各个用户的原有数据库之间构成了分布式的数据库分布结构。

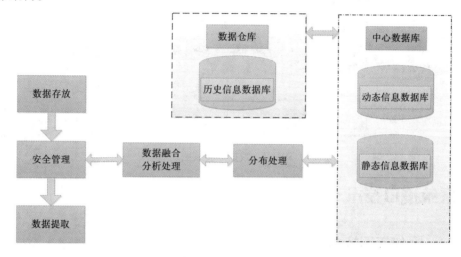

图 8-5 数据与数据库关系以及数据库分布图

（1）动态信息数据库设计

实时数据存储管理系统的体系结构如图 8-6 所示。

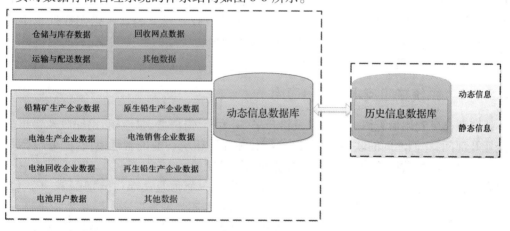

图 8-6 实时数据存储管理系统体系结构图

（2）历史数据库设计

历史数据库包含两个部分的内容:一个是动态信息的历史信息数据库;另一个是静态信息的历史保留信息数据库。

（3）静态信息数据库设计

静态信息包括运输车辆信息、设备设施信息、视频监控信息,车辆位置信息等等,所有这些信息都存储在静态信息数据库中。

（4）平台中各数据库间的关系

平台中各数据库间的关系如图 8-7 所示。

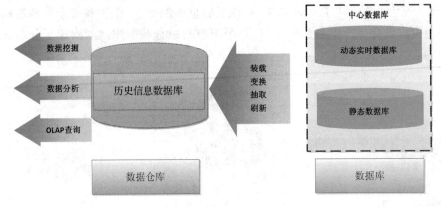

图 8-7　数据库关系图

8.7　系统接口技术

8.7.1　系统接口技术实现

铅资源循环链体系信息服务平台必须解决"铅足迹"各环节企业、相关政府部门之间的大量异构数据传输的问题。所有用户企业的铅资源信息可以认为被包含在一个广义的异构数据库中，每个企业用户的铅资源管理系统是该数据库中的一个数据源。搭建铅资源循环利用信息服务平台时，可以通过 EDI、XML 等系统接口技术建立企业机构间数据交换的标准，集成铅资源循环利用体系中所有的数据源，实现异构应用的数据共享，从而挖掘并有效利用异构数据，为管理者提供决策支持。

8.7.2　系统接口技术的平台应用

铅资源循环利用信息服务平台涉及铅开采、铅生产、铅消费、铅应用、铅回收及铅再生等各企业及部门，它们之间的联系以接口为基础，并部署相应功能的管理模块，主要包括数据采集、数据格式化、数据传输、身份认证及访问权限控制等。

在与铅资源循环链体系信息服务平台相关的每一个企业及部门分别部署一个 Client 端，Client 端被授予一定的权限，可以从所在部门的一种或多种数据库中提取允许开放、共享的数据，由各个企业及部门的 Client 端与各子平台信息中心的数据服务器之间进行通讯完成数据传输过程。

8.8　平台安全技术

8.8.1　平台安全管理区域划分

针对铅资源循环利用信息服务平台的安全管理，可将整个平台划分为三个安全管理区域：核心业务区、外围应用区和用户应用区，如图 8-8 所示。

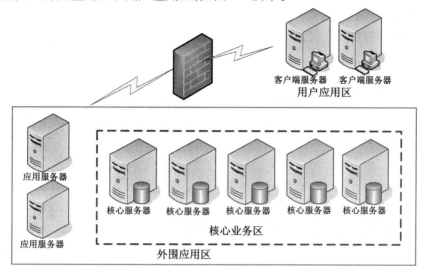

图 8-8　安全管理区域图

（1）核心业务区

由于核心业务区是平台数据存储和处理的重心，对这个区域应着眼于保护数据和核心业务。采用 eTrust Access Control 进行主机系统加固，对系统内核、文件系统、关键进程、网络端口等进行保护；同时采用 eTrust Intrusion Detection 进行入侵行为监测和阻断。

（2）外围应用区

由于这一区域的安全敏感度相对较低，同时处于核心业务区的外围，是核心业务区的安全缓冲地带，因此在该区域以防范黑客攻击和病毒感染为重点。采用 eTrust Intrusion Detection 进行入侵行为监测和阻断，同时利用 eTrust Kill 进行病毒防护。

（3）用户应用区

由于该区域的网络环境复杂，面向用户广泛，存在着较多安全隐患，同时是整个平台的对外窗口，根据铅资源循环利用体系的应用特点，因此应侧重于防范病毒威胁。同时该区域应与核心业务区以防火墙或物理隔离的方式进行网络隔断，以保证核心业务区的安全。

8.8.2　平台安全技术应用

平台的安全主要是网络安全，针对不同的网络入侵和攻击手法，根据铅资源循环利用信息服务平台上不同用户的具体情况，研究和开发了多种网络安全技术和协议。平台应用的安全技术包括：防火墙、SSL 加密技术、滤波、身份验证、访问控制等，主要实现以下功能：

（1）完整性

保证各类铅资源数据的完整性，验证收到的数据和原来的数据是否保持一致。可以通过加入一些验证码等冗余信息，用验证函数来处理，确保信息数据在发送途中不被修改。

（2）机密性

把通信内容变成第三者无法理解的内容形式传递，防止在传递过程中铅资源信息泄露，通常由加密算法保证。

（3）不可否认性

铅资源信息的提供及接受方的不可否认性，即强制提供方及接受方不得否认他提供或接受了相关铅资源信息。

（4）防重传性

保证每一个铅资源信息在被各类用户收到后不能再被重新传输。

8.9 本章小结

本章对铅资源循环信息服务平台建设需要的关键技术进行了分析，该平台建设涉及的关键技术有系统综合集成技术、全球卫星实时定位及监控技术、SOA 架构技术、云计算技术、数据仓库与数据挖掘技术、数据库技术、系统接口技术、平台安全技术等。

参考文献

[1] 何晓东. 浅析云计算技术及其在企业信息工作中的应用[J]. 信息技术，2013(2):154-157.

[2] 张建勋，古志民，郑超，等. 云计算研究进展综述[J]. 计算机应用研究，2010，27(2)：429-433.

[3] 郝智红. 云计算技术在数字图书馆中的应用初探[J]. 农业图书情报学刊，2012，24(4)：131-134.

[4] 王小叶. 探讨数据库技术在管理信息系统中的作用[J]. 城市建设理论研究(电子版)，2014(1).

[5] 闫伟，童祯恭，廖西亮，等. 面向流程企业数据仓库的设计与应用[J]. 计算机集成制造系统，2006，12(6):899-904.

[6] 李建中，高宏. 一种数据仓库的多维数据模型[J]. 软件学报，2000，11(7):908-917.

[7] 甄甫，刘民，董明宇，等. 基于面向服务架构消息中间件的业务流程系统集成方法研究[J]. 计算机集成制造系统，2009，15(5):968-972.

[8] 黎杰，曹雪梅，穆利，等. 信息化系统集成多项目管理与实践[J]. 运筹与管理，2009，18(6):151-154.

[9] 万麟瑞，李绪蓉. 系统集成方法学研究[J]. 计算机学报，1999，22(10):1025-1031.

[10] 魏东，陈晓江，房鼎益，等. 基于 SOA 体系结构的软件开发方法研究[J]. 微电子学与计算机，2005，22(6):73-76.

[11] 郑合锋，陈四军. 基于 SOA 的军事信息系统综合集成研究[J]. 火力与指挥控制，2010，35(1):81-83.

[12] 付沙. 信息系统安全模型的分析与设计[J]. 计算机安全，2010(10):51-53.

[13] 李守鹏，孙红波. 信息系统安全策略研究[J]. 电子学报，2003，31(7):976-980.

[14] 尹鸿波. 网络环境下企业计算机信息系统安全策略研究[J]. 计算机安全，2011(2):68-69.

第9章 平台应用系统设计

9.1 "铅足迹"循环链综合管理平台应用系统设计

本书通过分析铅资源循环利用体系建设业务现状和面临的问题,围绕"铅足迹"循环链综合管理和铅资源循环利用运营管控两条主线,设计我国铅资源循环利用体系 2 个子平台的业务系统,总体包括 16 个业务管理及信息系统。

9.1.1 "铅足迹"循环链综合管理平台应用系统概述

基于"铅足迹"循环链的业务体系与业务流程,根据核心业务、辅助业务与增值业务的关联关系,通过设计应用系统,为"铅足迹"循环链综合管理的各项业务提供技术支持与保障,如图 9-1 所示。

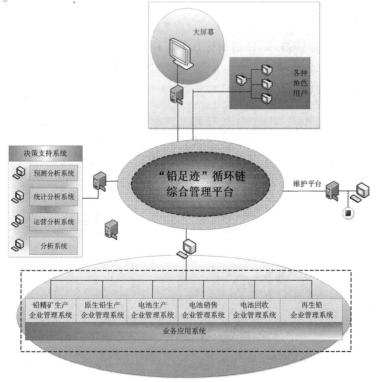

图 9-1 "铅足迹"循环链应用系统结构图

针对"铅足迹"循环链综合管理的业务需求,结合业务流程与相关信息技术,构建铅精矿生产企业管理系统、原生铅生产企业管理系统、电池生产企业管理系统、电池销售企业管理系统、电池回收企业管理系统、再生铅企业管理系统和电池用户管理系统,并通过系统集成,搭建"铅足迹"循环链综合管理平台,实现各应用系统的互联互通与信息共享,从而降低成本、提高业务运营效率与管理水平,达到业务运行管理的集中化、可视化、规范化与智能化等目标。

9.1.2 铅精矿生产企业管理系统

9.1.2.1 需求分析

铅精矿生产企业管理系统对铅精矿生产企业业务流程中与"铅足迹"循环链有关的关键业务信息进行管理,内容主要包括铅矿石的储量信息、进口信息,以及铅精矿的生产信息和销售信息等,其中进口信息需要包含铅矿石的进口数量、金额、成本等信息。通过 ETL 等技术,将这些信息进行清洗、转换,使其标准化、规范化,最终加载入"铅足迹"循环链数据库。

铅精矿生产企业管理系统主要包括原矿信息管理子系统、生产信息管理子系统、销售信息管理子系统和 ETL 管理子系统。原矿信息管理子系统对原矿储量信息、原矿进口信息和剩余储量信息进行管理;生产信息管理子系统对生产计划、实际生产、环境监测、废物排放等信息进行管理;销售信息管理子系统对客户信息、销售信息与库存信息进行管理;ETL 管理子系统包含数据采集、数据清洗、数据转换、数据加载、调度管理、日志管理等功能。

9.1.2.2 关键业务信息分析

(1)关键业务信息分析

依据铅精矿生产业务体系,结合铅精矿开采流程,对铅精矿生产企业进行关键业务信息分析。关键业务信息主要分为三部分即准备阶段信息、开采阶段信息和销售阶段信息,关键业务信息分析如图9-2 所示。

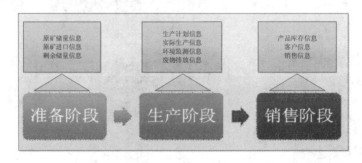

图 9-2　铅精矿生产企业关键业务信息

如图 9-2 所示,铅精矿生产过程关键业务信息主要是准备阶段的原矿储量信息、原矿进口信息、剩余储量信息;开采阶段主要是生产计划信息、实际生产信息、环境监测信息、废物排放信息;销售阶段主要是产品库存信息、客户信息和销售信息。铅精矿供应商还包括铅精矿进口贸易商、我国企业在境外投资开采并销往国内的铅精矿供应商、废电池拆解分选后铅膏供应商。

（2）关键业务信息处理流程

图9-3　关键业务信息处理流程

如图9-3所示，信息处理流程由数据采集、数据清洗、数据转换、数据加载、四部分组成。数据采集是针对不同的数据源、不同格式的数据，在充分理解数据定义的基础上，抽取需要的数据；数据清洗主要是针对数据中可能出现的二义性、重复、不完整、违反业务规则等问题的数据进行清理；数据转换主要是针对本系统信息的标准、信息的规范对数据进行格式、类型、长度等的再加工处理；数据加载就是将采集的数据，经过清洗、转换后加载入目标数据库中。

除了采集铅精矿生产企业现有系统的现成数据，对于没有完成信息化的中小型铅精矿生产企业专门设计手工数据录入界面，借此来完成关键业务信息的录入工作。

9.1.2.3　系统总体结构

铅精矿生产企业管理系统主要分为原矿信息管理，生产信息管理、销售信息管理、ETL管理四个子系统，其功能结构如图9-4所示。

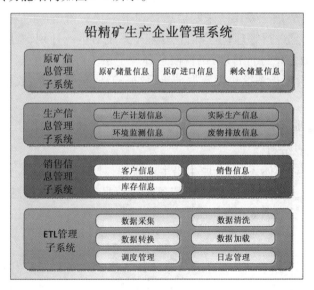

图9-4　铅精矿生产企业管理系统总体结构图

（1）原矿信息管理子系统

原矿信息管理子系统主要实现铅矿石等原料信息的手工录入、查询、修改、删除，主要包含3种功能，分别为原矿储量信息管理、原矿进口信息管理和剩余储量信息管理。

（2）生产信息管理子系统

生产信息管理子系统主要实现对铅精矿生产企业生产信息的手工录入、查询、修改、删除，主要包含4种功能，分别为生产计划信息管理、实际生产信息管理、环境监测信息管理、废物排放信息管理。

（3）销售信息管理子系统

销售信息管理子系统主要实现对铅精矿生产企业的销售信息的手工录入、查询、修改、删除，主要包含2种功能，分别为客户信息管理、销售信息管理。

（4）ETL管理子系统

ETL管理子系统主要实现对铅精矿生产企业现有信息系统中数据的采集、清洗、转换、加载，以及为完成采集、清洗、转换、加载所需要的配套的调度管理、日志管理，主要包含6种功能，分别为数据采集、数据清洗、数据转换、数据加载、调度管理、日志管理。

9.1.3 原生铅生产企业管理系统

9.1.3.1 需求分析

原生铅生产企业管理系统是采集原生铅生产企业生产业务流程中与"铅足迹"循环链有关的关键业务信息，包括铅精矿的采购信息、原生铅的生产信息和销售信息等，其中采购信息需要包含铅精矿的进口数量、金额、成本等信息。通过对这些信息进行清洗、转换，使其标准化、规范化，最终加载入"铅足迹"循环链数据库中的过程；对于没有信息化的数据，系统提供手工录入、管理界面。

原生铅生产企业管理系统需要包括采购信息管理子系统、生产信息管理子系统、销售信息管理子系统和ETL管理子系统。采购信息管理子系统对铅精矿的采购计划信息、采购实际信息与原料库存信息进行管理；生产信息管理子系统对生产计划、实际生产、环境监测、特征污染物（废物）排放信息进行管理；销售信息管理子系统对客户信息、销售信息与产品库存信息进行管理；ETL管理子系统包含数据采集、数据清洗、数据转换、数据加载、调度管理、日志管理等功能。

9.1.3.2 关键业务信息分析

（1）关键业务信息分析

依据原生铅生产业务体系，结合原生铅生产流程，对原生铅生产企业进行关键业务信息分析。关键业务信息主要分为三部分，即准备阶段信息、生产阶段信息和销售阶段信息，原生铅生产业务流程关键数据如图9-5所示。

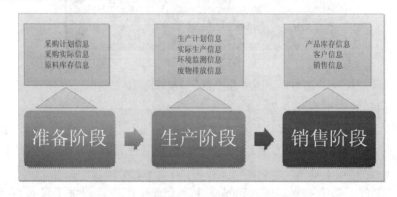

图9-5 原生铅生产业务流程关键数据图

如图9-5所示，准备阶段主要包括采购计划信息、采购实际信息、原料库存信息；生产阶段主要包括生产计划信息、实际生产信息、环境监测信息、特征污染物(废物)排放信息;销售阶段主要包括产品库存信息、客户信息和销售信息。

(2)关键业务信息处理流程

信息处理流程由数据采集、数据清洗、数据转换、数据加载、四部分组成。数据采集是针对不同的数据源、不同格式的数据,在充分理解数据定义的基础上,抽取需要的数据;数据清洗主要是针对可能出现二义性、重复、不完整、违反业务规则等问题的数据进行清理;数据转换主要是针对本系统信息的标准、信息的规范对数据进行格式、类型、长度等的再加工处理;数据加载就是将采集的数据经过清洗、转换后加载入目标数据库中。

除了采集原生铅生产企业现有系统的现成数据,对于没有完成信息化的原生铅生产企业专门设计手工数据录入界面,借此来完成关键业务信息的录入工作。

9.1.3.3　系统总体结构

原生铅生产企业管理系统主要分为采购信息管理、生产信息管理、销售信息管理、ETL管理四个子系统,其功能结构如图9-6所示。

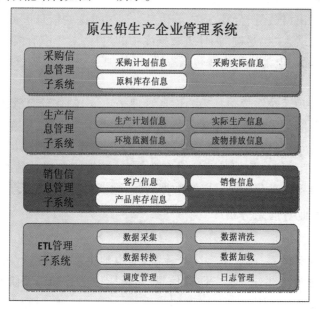

图9-6　原生铅生产企业管理系统总体结构图

(1)采购信息管理

采购信息管理主要实现对原生铅生产企业采购和原料库存信息的手工录入、查询、修改、删除,主要包含3种功能,分别为采购计划信息管理、采购实际信息管理、原料库存信息管理。其中采购信息管理需要包含进口铅精矿的进口数量、金额、成本等信息,也包括废铅膏采购信息。

(2)生产信息管理

生产信息管理主要实现对原生铅生产企业的生产信息的手工录入、查询、修改、删除,主要包含4种功能,分别为生产计划信息管理、实际生产信息管理、环境监测信息管理、特征污染物(废物)排放信息管理。

（3）销售信息管理

销售信息管理主要实现对原生铅生产企业的销售和产品库存信息的手工录入、查询、修改、删除，主要包含 2 种功能，分别为客户信息管理、销售信息管理。

（4）ETL 管理

ETL 管理子系统主要实现对原生铅生产企业现有信息系统中数据的采集、清洗、转换、加载，以及为完成采集、清洗、转换、加载需要的配套的调度管理、日志管理，主要包含 6 种功能，分别为数据采集、数据清洗、数据转换、数据加载、调度管理、日志管理。

9.1.4 电池生产企业管理系统

9.1.4.1 需求分析

电池生产企业管理系统是采集铅酸蓄电池生产企业生产业务流程中与"铅足迹"循环链有关的关键业务信息，包括精铅、合金铅等原材料的采购信息，铅酸蓄电池的生产信息和销售信息等，其中采购信息需要包含精铅（合金铅）的进口数量、金额、成本等信息，销售信息需要包含铅酸蓄电池的出口数量、金额、成本等信息。通过对这些信息进行清洗、转换，使其标准化、规范化，最终加载入"铅足迹"循环链数据库中的过程；对于没有信息化的数据，系统提供手工录入、管理界面。电池生产企业包括三类：极板加工、电池组装、以及极板与组装完整工艺的生产企业。

电池生产企业管理系统需要包括采购信息管理子系统、销售信息管理子系统和 ETL 管理子系统。采购信息管理子系统对精铅等原材料的采购计划信息、采购实际信息与原料库存信息进行管理；生产信息管理子系统对生产计划、实际生产、环境监测、特征污染物（废物）排放信息进行管理；销售信息管理子系统对客户信息、销售信息与产品库存信息进行管理；ETL 管理子系统包含数据采集、数据清洗、数据转换、数据加载、调度管理、日志管理等功能。

9.1.4.2 关键业务信息分析

（1）关键业务信息分析

依据电池生产业务体系，结合电池生产流程，对电池生产企业进行关键业务信息分析。关键业务信息主要分为三部分即准备阶段信息、生产阶段信息和销售阶段信息。电池生产业务流程关键数据如图 9-7 所示。

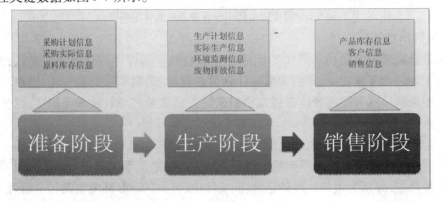

图 9-7　电池生产业务流程关键数据图

如图9-7所示,准备阶段主要包括采购计划信息、采购实际信息、原料库存信息;生产阶段主要包括生产计划信息、实际生产信息、环境监测信息、特征污染物(废物)排放信息;销售阶段主要包括产品库存信息、客户信息和销售信息。

(2)关键业务信息处理流程

信息处理流程由数据采集、数据清洗、数据转换、数据加载、四部分组成。数据采集是针对不同的数据源、不同格式的数据,在充分理解数据定义的基础上,抽取需要的数据;数据清洗主要是针对可能出现二义性、重复、不完整、违反业务规则等问题的数据进行清理;数据转换主要是针对本系统信息的标准、信息的规范对数据进行格式、类型、长度等的再加工处理;数据加载就是将采集的数据,经过清洗、转换后加载入目标数据库中。

除了采集电池生产企业现有系统的现成数据,对于没有完成信息化的电池生产企业专门设计手工数据录入界面,借此来完成关键业务信息的录入工作。

9.1.4.3 系统总体结构

电池生产企业管理系统主要分为采购信息管理、生产信息管理、销售信息管理、ETL管理四个子系统,其功能结构如图9-8所示。

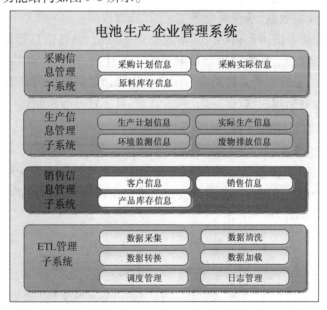

图9-8 电池生产企业管理系统总体结构图

(1)采购信息管理

采购信息管理主要实现对电池生产企业采购和原料库存信息的手工录入、查询、修改、删除,主要包含3种功能,分别为采购计划信息管理、采购实际信息管理、原料库存信息管理。其中采购信息管理需要包含进口精铅的进口数量、金额、成本等信息。

(2)生产信息管理

生产信息管理主要实现对电池生产企业的生产信息的手工录入、查询、修改、删除,主要包含4种功能,分别为生产计划信息管理、实际生产信息管理、环境监测信息管理、特征污染物(废物)排放信息管理。

（3）销售信息管理

销售信息管理主要实现对电池生产企业的销售和产品库存信息的手工录入、查询、修改、删除，主要包含2种功能，分别为客户信息管理、销售信息管理。

（4）ETL管理

ETL管理子系统主要实现对电池生产企业现有信息系统中数据的采集、清洗、转换、加载，以及为完成采集、清洗、转换、加载所需要的配套的调度管理、日志管理，主要包含6种功能，分别为数据采集、数据清洗、数据转换、数据加载、调度管理、日志管理。

9.1.5　电池销售企业管理系统

9.1.5.1　需求分析

电池（或极板）销售企业首先采集电池销售企业业务流程中与"铅足迹"循环链综合管理有关的关键业务信息，包括铅酸蓄电池的采购信息和销售信息等，其中采购信息需要包含电池的进口数量、金额、成本等信息，销售信息需要包含电池的出口数量、金额、成本等信息。再将这些信息进行清洗、转换，使其标准化、规范化，最终加载入"铅足迹"循环链综合管理数据库中；对没有信息化的数据，系统提供手工录入、管理界面。

电池销售企业管理系统需要包括采购信息管理子系统、销售信息管理子系统和ETL管理子系统。采购信息管理子系统对铅酸蓄电池的采购计划信息、采购实际信息与产品库存信息进行管理；销售信息管理子系统对客户信息与销售信息进行管理；ETL管理子系统包含数据采集、数据清洗、数据转换、数据加载、调度管理、日志管理等功能。

9.1.5.2　关键业务信息分析

（1）关键业务信息分析

依据电池（或极板）销售企业业务体系，结合铅酸蓄电池销售业务流程，对电池销售企业进行关键业务信息分析。关键业务信息主要包括准备阶段和销售阶段的信息。电池销售企业业务流程关键数据如图9-9所示：

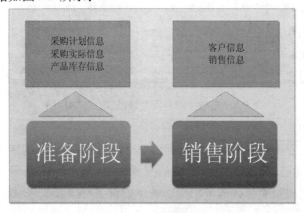

图9-9　电池销售企业业务流程关键数据图

准备阶段的关键业务信息主要包括采购计划信息、采购实际信息、产品库存信息；销售阶段的关键业务信息主要包括客户信息、销售数据。

（2）关键业务信息处理流程

信息处理流程由数据采集、数据清洗、数据转换、数据加载、四部分组成。数据采集是针对不同的数据源、不同格式的数据,在充分理解数据定义的基础上,抽取需要的数据;数据清洗主要是针对可能出现二义性、重复、不完整、违反业务规则等问题的数据进行清理;数据转换主要是针对本系统信息的标准、信息的规范对数据进行格式、类型、长度等的再加工处理;数据加载就是将采集的数据,经过清洗、转换后加载入目标数据库中。

除了采集电池销售企业现有系统的现成数据,对于没有完成信息化的电池生产企业专门设计手工数据录入界面,借此来完成关键业务信息的录入工作。

9.1.5.3　系统总体结构

电池（或极板）销售企业管理系统主要分为采购信息管理、销售信息管理、ETL 管理三个子系统,其功能结构如图 9-10 所示。

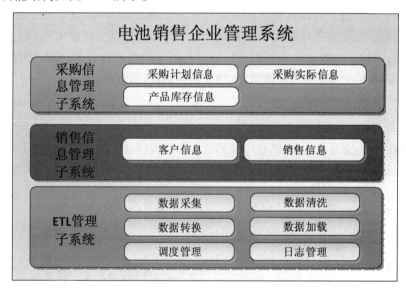

图 9-10　电池销售企业管理系统总体结构图

（1）采购信息管理

采购信息管理主要实现对电池销售企业采购和产品库存信息的手工录入、查询、修改、删除,主要包含 3 种功能,分别为采购计划信息管理、采购实际信息管理、产品库存信息管理。

（2）销售信息管理

销售信息管理主要实现对电池生产企业的销售和产品库存信息的手工录入、查询、修改、删除,主要包含 2 种功能,分别为客户信息管理、销售信息管理。

（3）ETL 管理

ETL 管理子系统主要实现对电池销售企业现有信息系统中数据的采集、清洗、转换、加载,以及为完成采集、清洗、转换、加载需要的配套的调度管理、日志管理,主要包含 6 种功能,分别为数据采集、数据清洗、数据转换、数据加载、调度管理、日志管理。

9.1.6　电池回收企业管理系统

9.1.6.1　需求分析

铅酸蓄电池的使用必然会产生大量的废铅酸蓄电池,废铅酸蓄电池的回收处理便成为铅资源循环利用体系建立的重要环节。废铅酸蓄电池具有较高的回收利用价值,其回收过程要保证在提高回收利用率的同时,减少对环境的污染。

电池回收企业管理系统是采集废铅酸蓄电池回收业务流程中与"铅足迹"循环链有关的关键业务信息,并将这些信息进行清洗、转换,使其标准化、规范化,最终加载入"铅足迹"循环链数据库中的过程;对于没有信息化的数据,系统提供手工录入、管理界面。这些信息是促进废铅酸蓄电池回收有序管理,建立完善的废铅酸蓄电池回收体系,在用户、回收商、再生铅厂、蓄电池厂之间逐步形成良性"闭路"循环的基础。

电池回收企业管理系统需要包括回收信息管理子系统、销售信息管理子系统和 ETL 管理子系统。回收信息管理子系统对铅酸蓄电池的回收计划信息、回收实际信息与废铅库存信息进行管理;销售信息管理子系统对客户信息与销售信息进行管理;ETL 管理子系统包含数据采集、数据清洗、数据转换、数据加载、调度管理、日志管理等功能。

9.1.6.2　关键业务信息分析

(1)关键业务信息分析

依据电池回收企业业务体系,结合电池回收业务流程,对电池回收企业进行关键业务信息分析。关键业务信息主要包括回收阶段信息、销售阶段信息。电池回收企业关键业务信息如图 9-11 所示。

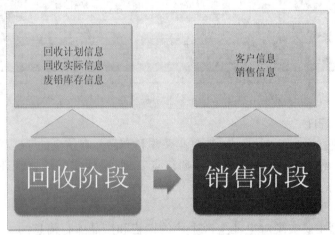

图 9-11　电池回收企业关键业务信息

如图 9-11 所示,回收阶段的关键业务信息主要包括回收计划信息、回收实际信息、废铅库存信息;销售阶段的关键业务信息主要包括客户信息、销售信息。电池回收方式包括电池销售时以旧换新以及单一回收。

(2)关键业务信息处理流程

信息处理流程由数据采集、数据清洗、数据转换、数据加载、四部分组成。数据采集是针对不同的数据源、不同格式的数据,在充分理解数据定义的基础上,抽取需要的数据;数据清洗主要是针对可能出现二义性、重复、不完整、违反业务规则等问题的数据进行清理;数据转换主要是针对本系统信息的标准、信息的规范对数据进行格式、类型、长度等的再加工处理;数据加载就是将采集的数据,经过清洗、转换后加载入目标数据库中。

除了采集电池回收企业现有系统的现成数据,对于没有完成信息化的再生铅生产企业专门设计手工数据录入界面,借此来完成关键业务信息的录入工作。

9.1.6.3　系统总体结构

电池回收企业管理系统主要分为回收信息管理、销售信息管理、ETL 管理三个子系统,其功能结构如图 9-12 所示。

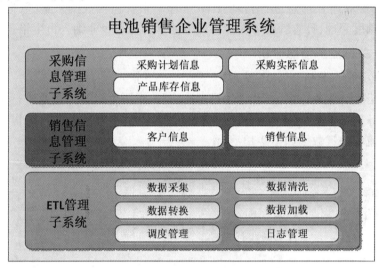

图 9-12　电池回收企业管理系统总体结构图

（1）回收信息管理

回收信息管理主要实现对废电池回收企业回收情况和废铅蓄电池库存信息的手工录入、查询、修改、删除,主要包含 3 种功能,分别为回收计划信息管理、回收实际信息管理、废铅蓄电池库存信息管理。

（2）销售信息管理

销售信息管理主要实现对废电池回收企业的销售情况和客户信息的手工录入、查询、修改、删除,主要包含 2 种功能,分别为客户信息管理、销售信息管理。

（3）ETL 管理

ETL 管理子系统主要实现对废电池回收企业现有信息系统中数据的采集、清洗、转换、加载,以及为完成采集、清洗、转换、加载需要的配套的调度管理、日志管理,主要包含 6 种功能,分别为数据采集、数据清洗、数据转换、数据加载、调度管理、日志管理。

9.1.7　再生铅企业管理系统

9.1.7.1　需求分析

再生铅生产企业管理系统是采集再生铅生产企业生产业务流程中与"铅足迹"循环链有

关的关键业务信息,包括废铅材料的采购信息,再生铅的生产信息和销售信息等。其中采购信息需要包含废铅酸蓄电池相关企业、电缆企业、铅合金企业、铅焊料企业、铅粉企业、铅板企业、铅玻璃企业以及其他化工企业与冶炼厂的信息,通过将这些信息进行清洗、转换,使其标准化、规范化,最终加载入"铅足迹"循环链数据库中的过程;对于没有信息化的数据,系统提供手工录入、管理界面。

再生铅生产企业管理系统需要包括采购信息管理子系统、生产信息管理子系统、销售信息管理子系统和 ETL 管理子系统。采购信息管理子系统对废铅酸蓄电池和废铅合金材料的采购计划信息、采购实际信息与原料库存信息进行管理;生产信息管理子系统对生产计划、实际生产、环境监测、特征污染物(废物)排放信息进行管理;销售信息管理子系统对客户信息、销售信息与产品库存信息进行管理;ETL 管理子系统包含数据采集、数据清洗、数据转换、数据加载、调度管理、日志管理等功能。废电池拆解分选企业纳入再生铅企业范围。

9.1.7.2 关键业务信息分析

(1)关键业务信息分析

依据再生铅生产业务体系,结合再生铅生产流程,对再生铅生产企业进行关键业务信息分析。关键业务信息主要分为三部分即准备阶段信息、生产阶段信息和销售阶段信息。再生铅生产业务流程关键数据如图 9-13 所示。

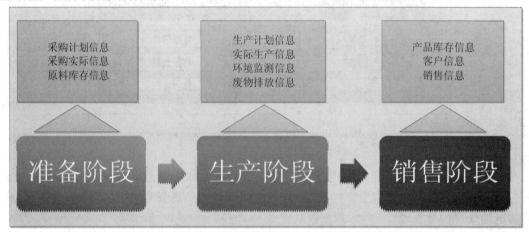

图 9-13 再生铅生产业务流程关键数据图

如图 9-13 所示,准备阶段主要包括采购计划信息、采购实际信息、原料库存信息;生产阶段主要包括生产计划信息、实际生产信息、环境监测信息、特征污染物(废物)排放信息;销售阶段主要包括产品库存信息、客户信息和销售信息。

(2)关键业务信息处理流程

信息处理流程由数据采集、数据清洗、数据转换、数据加载、四部分组成。数据采集是针对不同的数据源、不同格式的数据,在充分理解数据定义的基础上,抽取需要的数据;数据清洗主要是针对可能出现二义性、重复、不完整、违反业务规则等问题的数据进行清理;数据转换主要是针对本系统信息的标准、信息的规范对数据进行格式、类型、长度等的再加工处理;数据加载就是将采集的数据,经过清洗、转换后加载入目标数据库中。

除了采集再生铅生产企业现有系统的现成数据,对于没有完成信息化的再生铅生产企业专门设计手工数据录入界面,借此来完成关键业务信息的录入工作。

9.1.7.3 系统总体结构

再生铅生产企业管理系统主要分为采购信息管理、生产信息管理、销售信息管理、ETL管理四个子系统,其功能结构如图9-14所示。

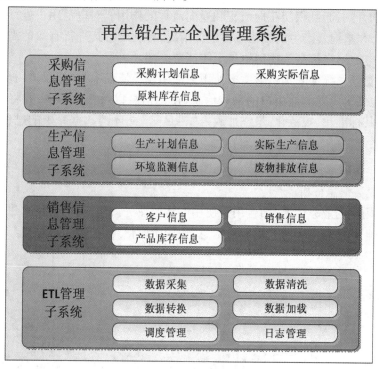

图 9-14　再生铅生产企业管理系统总体结构图

(1)采购信息管理

采购信息管理主要实现对再生铅生产企业采购和原料库存信息的手工录入、查询、修改、删除,主要包含 3 种功能,分别为采购计划信息管理、采购实际信息管理、原料库存信息管理。

(2)生产信息管理

生产信息管理主要实现对再生铅生产企业的生产信息的手工录入、查询、修改、删除,主要包含 4 种功能,分别为生产计划信息管理、实际生产信息管理、环境监测信息管理、特征污染物(废物)排放信息管理。

(3)销售信息管理

销售信息管理主要实现对再生铅生产企业的销售和产品库存信息的手工录入、查询、修改、删除,主要包含 2 种功能,分别为客户信息管理、销售信息管理。

(4)ETL 管理

ETL 管理子系统主要实现对再生铅生产企业现有信息系统中数据的采集、清洗、转换、加载,以及为完成采集、清洗、转换、加载需要的配套的调度管理、日志管理,主要包含 6 种功能,分别为数据采集、数据清洗、数据转换、数据加载、调度管理、日志管理。

9.1.8 电池用户管理系统

9.1.8.1 需求分析

电池用户是铅酸蓄电池的最终消费者,是"铅足迹"循环链正向流程的末端,又是"铅足迹"逆向流程的开端,起到衔接正向流程和逆向流程的作用。对电池用户进行管理能够了解电池用户需求,并掌握其产生的废铅酸蓄电池情况,有利于对其进行有效的需求管理和废电池回收管理。电池用户包括集团消费与个体消费终端。

电池用户管理系统是采集铅酸蓄电池用户使用业务流程中与"铅足迹"循环链有关的关键业务信息,包括国内外电池用户的采购信息、使用信息以及报废信息,并将这些信息进行清洗、转换,使其标准化、规范化,最终加载入"铅足迹"循环链数据库中的过程;对于没有信息化的数据,系统提供手工录入、管理界面。

9.1.8.2 关键业务信息分析

(1)关键业务信息分析

依据电池用户的业务体系,结合用户使用电池的业务流程,对电池用户进行关键业务信息分析。关键业务信息主要是采购阶段信息、使用阶段信息、报废阶段信息。电池用户关键业务信息如图9-15所示。

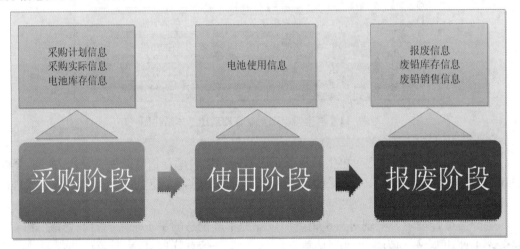

图9-15 电池用户关键业务信息图

采购阶段的关键业务信息主要包括采购计划信息、采购实际信息、电池库存信息;使用阶段的关键业务信息主要包括电池使用信息;报废阶段的关键业务信息主要包括电池报废信息、废铅蓄电池库存信息、废铅酸蓄电池销售信息。

(2)关键业务信息处理流程

信息处理流程由数据采集、数据清洗、数据转换、数据加载、四部分组成。数据采集是针对不同的数据源、不同格式的数据,在充分理解数据定义的基础上,抽取需要的数据;数据清洗主要是针对可能出现二义性、重复、不完整、违反业务规则等问题的数据进行清理;数据转换主要是针对本系统信息的标准、信息的规范对数据进行格式、类型、长度等的再加工处理;

数据加载就是将采集的数据,经过清洗、转换后加载入目标数据库中。

除了采集电池用户现有系统的现成数据,对于没有完成信息化的电池用户专门设计手工数据录入界面,借此来完成关键业务信息的录入工作。

9.1.8.3 系统总体结构

电池用户管理系统主要包括采购信息管理、使用信息管理、报废信息管理、ETL 管理四个子系统,其功能结构如图 9-16 所示。

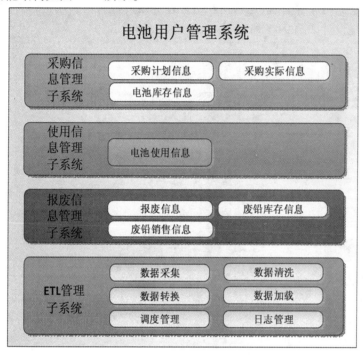

图 9-16 电池用户管理系统总体结构图

(1)采购信息管理

采购信息管理主要实现对电池用户采购电池信息的手工录入、查询、修改、删除,主要包含 3 种功能,分别为采购计划信息管理、采购实际信息管理、电池库存信息管理。

(2)使用信息管理

使用信息管理主要实现对电池用户的使用信息的手工录入、查询、修改、删除,主要包含 1 种功能,电池使用信息管理。

(3)电池报废信息管理

电池报废信息管理主要实现对电池用户报废电池信息、废铅电池库存信息、废铅电池销售信息的查询、修改、删除,主要包含 3 种功能,报废电池信息管理、废铅电池库存信息管理、废铅电池销售信息管理。

(4)ETL 管理

ETL 管理子系统主要实现对电池用户现有信息系统中数据的采集、清洗、转换、加载,以及为完成采集、清洗、转换、加载需要的配套的调度管理、日志管理,主要包含 6 种功能,分别为数据采集、数据清洗、数据转换、数据加载、调度管理、日志管理。

9.2 铅资源循环利用运营管控平台应用系统设计

9.2.1 铅资源循环利用运营管控平台应用系统概述

基于铅开采、铅生产、铅销售、铅应用、铅回收与铅再生的业务体系与业务流程,通过设计应用系统,为仓储与库存管理、运输与配送管理等铅资源循环利用运营管控业务提供技术支持与保障,系统设计如图 9-17 所示。

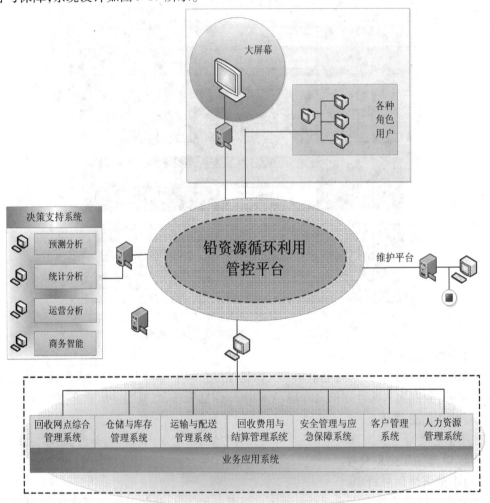

图 9-17 铅资源循环利用运营管控平台结构图

针对铅资源循环利用体系的业务需求,结合业务流程与相关信息技术,构建回收网点综合管理、仓储与库存管理、运输与配送等业务应用系统,并通过系统集成,搭建铅资源循环利用运营管控平台,实现各应用系统和各类用户的信息交互与共享以及对业务的决策支持,并将应用系统的相关信息及时、快速地展现在大屏幕上,进而推动相关业务规范、高效、协同地运行,同时提升对业务的管理水平。

9.2.2 回收网点综合管理系统

9.2.2.1 需求分析

基于"一级回收中心—地市级回收旗舰店—区县级回收点—乡镇级回收点"的回收网络层级划分与各级回收网点的功能,结合智能移动终端等设备、GIS 等现代信息技术和 KPI 等管理手段,通过构建回收网点综合管理系统,实现对各级回收网点的基本信息、分级分类信息、地理布局信息的管理,包括以表单的方式,对各网点回收废铅酸蓄电池和其他涉铅产品的数量、类型、规格、流量流向、运输工具与人员等信息的智能采集、人工录入、传输与存储,对回收网点处理量与绩效信息的管理等,并将回收网点的地理位置等信息展示在电子地图上,为仓储与库存管理系统、运输与配送管理系统、回收费用与结算管理系统等提供数据支持。此外,回收网点综合管理系统还需要包含对电缆企业、铅合金企业、铅焊料企业、铅粉企业、铅板企业、铅玻璃企业等其他涉铅企业及相关产品的信息进行管理。

回收网点综合管理系统需要包括基本信息管理子系统、分级分类管理子系统和 GIS 信息管理子系统,每个子系统包括若干个功能模块。基本信息管理子系统结合智能移动终端等设备,通过人工录入与自动采集相结合的方式对回收信息进行采集与管理;分级分类管理子系统对回收网点的分级分类信息进行录入与树形展现,并对网点的处理量信息以及绩效信息进行管理;GIS 信息管理子系统采集网点的地理位置信息,并通过电子地图等技术对相关信息进行展现。

9.2.2.2 业务流程及数据流程分析

(1)业务流程分析

回收网点综合管理的业务主要围绕回收网点基本信息管理、回收网点分级分类管理、回收网点地理信息管理三部分展开。系统首先采集回收网点的基本信息,以人工录入和自动采集的方式完成这部分工作;对于已经完成基本信息采集的回收网点,进一步设置其所属级别和类别,并可以以树形结构展现,查询其级别类别是否准确,并对各网点的处理量与绩效信息进行管理;为了标识出回收网点在 GIS 上的位置,需要采集回收网点的 GIS 坐标信息,并在 GIS 展现查询其是否正确。具体流程如图 9-18 所示。

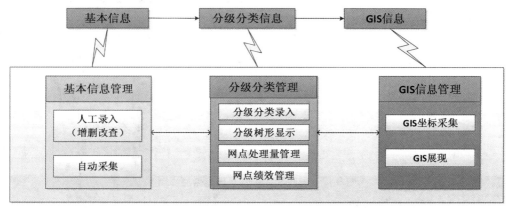

图 9-18 回收网点综合管理系统业务流程图

（2）数据流程分析

数据流程分析就是把数据在现行系统内部的流动情况抽象出来,舍去了具体组织机构、信息载体、处理工作等物理组成,单纯从数据流动过程来考察实际业务的数据处理模式。通过对回收网点综合管理系统的数据流动过程进行分析,采用数据流程图来抽象表达该系统的数据信息流动。回收网点综合管理数据流程如图 9-19 所示。

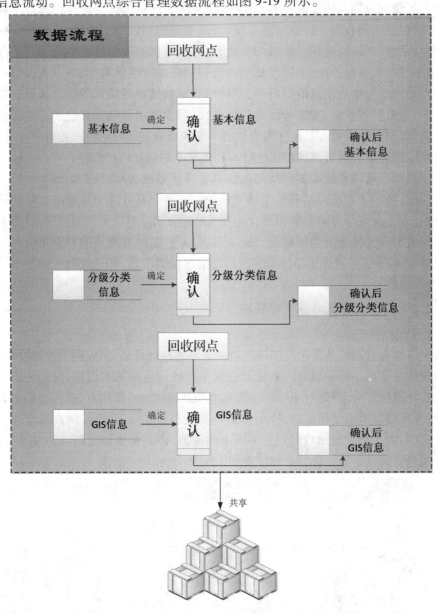

图 9-19　回收网点综合管理数据流程图

9.2.2.3　系统总体结构

回收网点综合管理系统主要对回收网点各项信息进行管理,主要包括基本信息管理、分级分类管理、GIS 信息管理等三项功能,其功能架构如图9-20 所示。

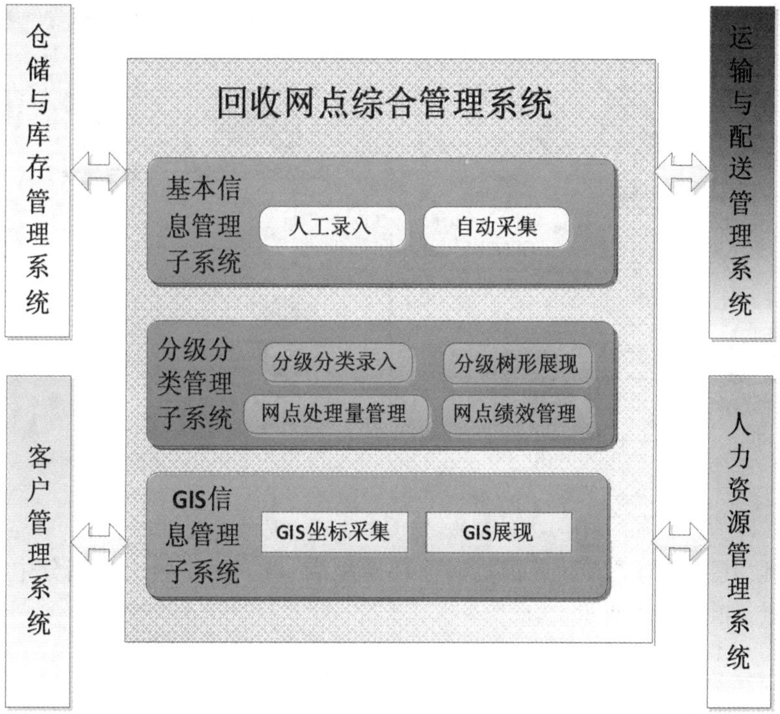

图 9-20 回收网点综合管理系统总体结构图

如图 9-20 所示,回收网点综合管理系统主要对回收网点各项信息进行管理,通过人工录入和自动采集的方式对基础信息进行采集、管理,对不同级别、不同类别的回收网点进行分级录入和分级树形展现,对各回收网点的处理量信息进行管理,并计算各网点的工作绩效,同时利用 GIS 技术对回收网点进行坐标采集和展现。

9.2.2.4　功能描述

(1)基本信息管理子系统

1)人工录入。通过智能移动终端等设备,将相关业务以人工录入的方式输入到数据库中,录入操作包括增加、删除、修改、查询,同时录入的信息需要回收网点的确认,确认后的信息作为正式数据在系统中生效。智能移动终端的信息传输模式如图9-21 所示。

2)自动采集。对于已经信息化的回收网点基本信息,包括以 Excel、Word、Text 等格式存储的文件,系统提供自动采集功能,将文件上传到系统完成数据库的入库工作。

(2)分级分类管理子系统

分级分类管理是回收网点综合管理工作的基础,不同级别、类别的回收网点完成的工作不同、职责不同、人员不同、考核不同。

1)分级分类信息录入。分级分类信息录入功能将回收网点分级分类信息录入系统数据库中,录入操作包括增加、删除、修改、查询,同时录入的信息需要回收网点的确认,确认后的信息作为正式数据在系统中生效。

2)分级树形展现。分级树形展现以直观的树形图的方式展现回收网点,顶层是一级网

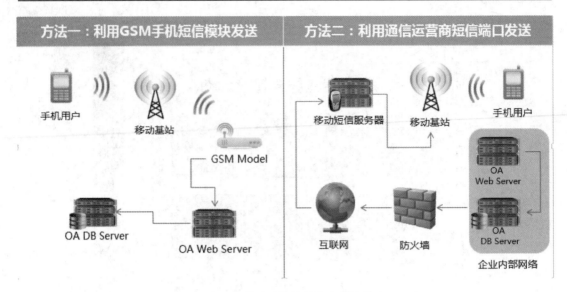

图 9-21　智能移动终端的信息传输模式

点山西吉天利,其下面是二级网点铅资源循环旗舰店,再下面是县级存储分中心,最下面是乡镇回收网点,如图 9-22 所示。

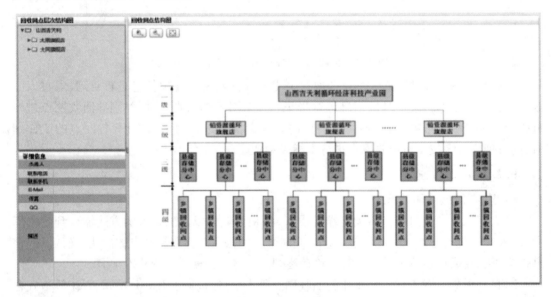

图 9-22　回收网点树形展现

3)网点处理量管理。结合回收网点的四级网络结构划分,对各网点回收的铅酸蓄电池数量、类型、规格、流量流向、运输工具与人员、回收日期,以及废铅合金、电缆、铅粉、铅焊料、铅板、铅玻璃等其他涉铅产品的处理信息进行管理。

4)网点绩效管理。根据关键绩效指标(KPI)等管理手段,结合网点处理量等信息,对各级回收网点及相关工作人员的工作绩效进行计算与评估,并对相关信息进行管理。

(3)GIS 信息管理子系统

GIS 信息管理主要的目的是提供直观的地图方式位置查询、展现功能。

1）GIS 坐标采集。GIS 坐标采集功能获取回收网点在 GIS 中的坐标信息,并将这些信息录入数据库,GIS 坐标信息需要回收网点的确认,确认后的信息作为正式数据在系统中生效。图 9-22 回收网点综合管理系统总体结构图。

2）GIS 展现。GIS 展现以直观的地图的方式展现回收网点,可以查询到回收网点所在的位置、区域、周边的环境等,与其他系统结合还可以进一步显示与回收网点相关的其他信息,如图 9-23 所示。

图 9-23　回收网点 GIS 展现

9.2.3　仓储与库存管理系统

9.2.3.1　需求分析

在回收网点综合管理的基础上,针对回收网点内部整体业务管理,建立仓储与库存管理系统,根据网点划分级别以及储存量,本书认为该系统主要应用在一级网点、二级网点和三级网点中,建立并应用库存管理系统,以三级回收网点为核心,实现废电池的存储、分类,并通过仓储与库存管理系统将回收网点库存量保持在合理经济水平上。

仓储与库存管理系统包括系统管理子系统、入库管理子系统、库存管理子系统、出库管理子系统、库存调拨子系统和单证管理子系统等 6 个子系统,每个子系统包括若干个功能模块,通过各功能满足客户需求,科学合理地做好铅酸蓄电池入库管理、库存内部管理和出库管理等工作,控制经济合理的库存量,为铅资源合理配置奠定基础。

9.2.3.2　业务流程及数据流程分析

（1）业务流程分析

吉天利科技产业园区作为一级网点,主要业务有废铅酸蓄电池的仓储和将其运输至再生铅企业。二级回收网点作为管理和服务的网点,为三级网点提供检测和订单费用计算服务。三级网点中仓储与库存管理的业务主要体现在入库管理、库存内部管理、出库管理三个核心环节。其中,入库环节包括入库登记、入库作业、分配货位以及生成入库单等业务;库存管理环节包括货物查询、货位信息管理、货位调整、货物在库状态以及货物盘点业务;出库环节包括出库核单、出库确认、出库作业和生成出库单业务。四级回收网点不设仓库,主要负责废铅酸蓄电池的回收。具体业务流程如图9-24所示。

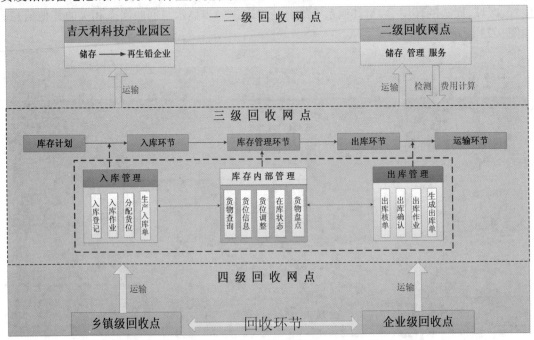

图9-24　仓储与库存管理业务流程图

(2)数据流程分析

数据流程分析就是把数据在现行系统内部的流动情况抽象出来,舍去了具体的组织机构、信息载体、处理工作等外部组成,单纯从数据流动过程来考察实际业务流程的数据处理模式,主要体现在入库管理、出库管理、库存内部管理和系统管理员之间数据流动,具体数据流程如图9-25所示。

9.2.3.3　系统总体结构

仓储与库存管理系统总体结构是针对回收网络中核心节点仓储需求进行设计,将整个系统分为6个子系统,各子系统包括相关模块功能。系统总体结构如图9-26所示。

如图9-26所示,仓储与库存管理系统主要包括系统管理、入库管理、库存管理、出库管理、库存调拨和单证管理6个子系统。本系统主要对废铅酸蓄电池实行入库管理、出库管理和库存内部管理,使库存量保持在合理经济水平上。

9.2.3.4　功能描述

(1)系统管理子系统

系统管理子系统包括用户管理、货物信息管理、库存信息管理、数据库备份与恢复4项功能。

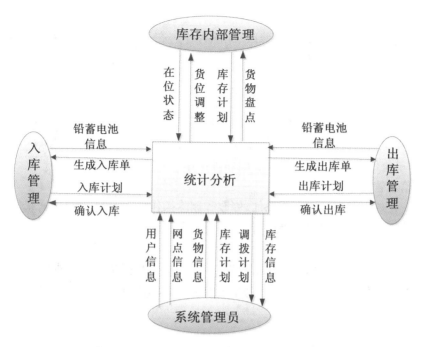

图 9-25　仓储与库存管理数据流程图

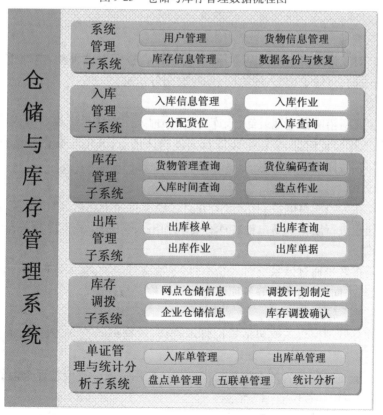

图 9-26　仓储与库存管理系统总体结构图

1）用户管理。

用户管理包括用户信息的添加、修改、删除操作。在这一模块中，可将用户分为不同级别，赋予相应的权限。设置管理级用户、操作级用户和普通级用户，通过设置不同用户的不同权限，方便用户使用。

2）货物信息管理。

货物信息管理包括货物信息的添加、修改和删除操作。主要是对入库货物代码、库存货物代码、出库货物代码、入库时间代码、库存时间代码、出库时间代码、电池来源代码、电池去向代码、运输单位代码进行添加、修改和删除等操作。

3）库存信息管理。

库存信息管理包括库存信息的添加、修改和删除操作。主要是对储存区域代码、货位代码、储存时间代码、储存方式代码等进行添加、修改和删除操作。

4）数据备份与恢复。

为避免意外事故导致数据丢失的情况发生，系统提供数据备份和数据恢复功能，使得系统的数据拥有完整的安全性，恢复的信息主要有电池入库信息、库存信息和出库信息等仓储过程中所有的信息。

（2）入库管理子系统

入库管理信息系统着重于四个方面，分别是入库信息管理、入库作业、分配货位、入库查询。

1）入库信息管理。

在入库环节对废铅酸蓄电池的基本信息进行录入，登记电池种类、电池重量、入库货位号、电池来源与去向、运输单位、入库时间、库存时间等信息。

2）入库作业。

入库作业主要指铅酸蓄电池装卸、入库验收、办理入库交接手续等业务活动。其中包括装卸作业信息、入库登记信息、交接手续以及入库确认信息，其中装卸作业信息主要包括装卸方式、装卸时间、装卸人员等信息。

3）分配货位。

分配货位是在废铅酸蓄电池到达仓库，并且已经验货完毕之后，将电池放入相关位置的过程。该功能便于进行废铅酸蓄电池在库存管理和出入仓统计、查询等相关操作。

4）入库查询。

入库查询是指客户通过该系统对入仓单号、电池型号与种类、入库时间、出库时间、库存时间、电池来源与去向、运输单位等各项信息的综合检索与查询。

（3）库存管理子系统

该系统中库存管理模块主要包括货位管理查询、货物编码查询、入库时间查询、盘点作业等功能。

1）货位管理查询。货位管理查询是指查询货位使用情况。货位管理查询的信息主要包括货位空闲、货位占用和货位故障等信息。

2）货物编码查询。货物编码查询是指查询废铅酸蓄电池在仓库内的位置信息，同时可以查询到电池的重量、电池类型、电池来源与去向、运输单位、押运人等信息。

3)时间查询。时间查询是指查询废铅酸蓄电池入库时间、库存时间以及出库时间等信息。

4)盘点作业。进入盘点状态,实现全库盘点。盘点作业是指对仓库现有废铅酸蓄电池的实际数量与保管账上记录的数量相核对,掌握库存数量,主要盘点内容有电池种类与型号、电池重量、入库时间、库存时间等信息。

（4）出库管理子系统

出库管理子系统包括出库核单、出库查询、出库作业信息管理、生成出库单4种基本功能。

1)出库核单。出库核单是指审核单证本身真实性与合法性,以及单证上废铅酸蓄电池信息的正确性,同时核对废铅酸蓄电池来源和去向、运输单位以及入库时间、库存时间、出库时间等信息是否正确。

2)出库查询。出库信息查询是针对废铅酸蓄电池信息等各项信息的综合检索与查询。该模块主要功能有电池位置信息查询、库存容量查询、出库单信息查询。

3)出库作业信息管理。出库作业信息管理是指铅酸蓄电池出库过程中的信息管理。该模块主要功能有拣选信息管理、配货信息管理和包装信息管理。其中拣选信息包括拣选工具类型、拣选时间、操作人员信息等,配货信息包括废铅酸蓄电池的去向信息、运输单位信息,包装信息主要有包装方式、包装材料、操作人员信息等。

4)生成出库单据。生成出库单据是指确认货物无误后,发出确认信息,系统自动生成与货位和货物信息相对应的出库单据,出库单据的主要信息有废铅酸蓄电池的去向、种类与型号、电池重量、运输单位、出库时间等信息。

（5）库存调拨子系统

库存调拨子系统包含了4项基本功能,包括网点仓储信息管理、企业仓储信息管理、调拨计划制定和库存调拨确认。

1)网点仓储信息管理。实现对回收网点仓储内的废铅酸蓄电池的种类与型号、重量信息、来源信息和去向信息,以及运输信息的实时动态监控,并可发布与查询。

2)企业仓储信息管理。实现对企业仓储废铅酸蓄电池的在库状态信息、缺货信息等的实时动态监控,并发布与提供查询。

3)调拨计划制定。根据回收网点仓储情况和企业仓储信息,实时查看仓储状态,进行调拨计划制定,防止出现废铅酸蓄电池缺少或过多给仓储过程中带来的损失,调拨计划主要对废铅酸蓄电池实施转移,通过查询各网点仓库信息的库存量、运输信息等确定合理方案。

4)库存调拨确认。根据调拨计划的发布,安排合理时间和车辆,进行各仓库间的废铅酸蓄电池调拨。库存调拨确认的主要内容有确认运输时间、运输车辆类型、运输量以及废铅酸蓄电池去向信息。

（6）单证管理子系统

单证管理是企业管理的一个组成部分,它是根据相关法律法规,处理一些单证管理工作。单证管理系统包括入库单管理、出库单管理、五联单管理、盘点单管理以及统计分析。

1)入库单管理。入库单信息主要包括废铅酸蓄电池的来源、种类与型号、电池重量、运输单位、入库时间等信息,入库单管理包括入库货物单据制定、单据整理与核对、打印单据3

项基本功能。

2）出库单管理。出库单信息主要包括废铅酸蓄电池的去向、种类与型号、电池重量、运输单位、出库时间等信息，出库单管理同入库单管理类似，包括出库货物单据制定、单据整理与核对、打印单据 3 项基本功能。

3）盘点单管理。此功能主要对仓库现有物品的实际数量与库存记录的数量相核对，以便准确地掌握库存数量，盘点单信息主要包括电池种类与型号、电池重量、入库时间、储存时间等信息。盘点单管理主要包括盘点单据制定、单据整理与核对、打印盘点单据 3 项基本功能。

4）统计分析。该功能主要将入库量、出库量、入库时间、出库时间、电池重量、电池来源与去向、运输单位等进行系统地分析与统计，统计分析管理包括入库量统计、库存量统计、出库量统计 3 项基本功能。

5）五联单信息管理。五联单信息管理是指对危险固体废物转移过程中的五联单基本信息进行管理，主要解决废铅酸蓄电池仓储以及运输过程中单据验证问题。五联单是危险固体废物转移过程中必须应用的单证，一式五联。五联单管理共涉及五个部门，分别为废铅酸蓄电池产生部门、运输部门、接收部门、产生地环保部门以及接收地环保部门，其中产生部门、运输部门、接收部门由回收运营管理部门统一进行管理。本部分主要分析五联单流转过程并将五联单信息通过信息系统进行管理。

A. 流程分析。回收运营管理部门在确定转移废铅酸蓄电池前，需向废铅酸蓄电池产生地环保部门统一领取正式的五联单，并由各部门填写、盖章、存档。

（a）产生部门将废铅酸蓄电池交付运输部门。①产生部门事先按要求，在第一联上完成第一部分产生部门栏目填写并加盖公章后，将联单连同废铅酸蓄电池交付运输部门；②运输部门核实联单内容无误后，并在第一联上填写联单第二部分运输企业栏后，将第一联的副联与第二联的正联交还给产生部门；③产生部门将第一联副联自留存档，第二联正联寄送移出地环保部门留档。

（b）运输部门运输过程中。运输部门将联单其余第一联正联、第二联副联、第三联、第四联、第五联等各联随废铅酸蓄电池一起转移运行。

（c）运输部门将废铅酸蓄电池交付接收部门。①运输部门将所承运废铅酸蓄电池连同联单一起交付接收部门；②接收部门须按照联单内容对所接收废铅酸蓄电池核实验收无误，在第一联上填写第三部分接收部门栏并加盖公章后，将第四联自留存档；③接收部门将正确填写完毕并加盖公章的第三联交还给运输部门存档；④接收部门将第五联寄送接收地设区市级人民政府环保部门留档；⑤接收部门将第一联正联及第二联副联寄送废铅酸蓄电池产生部门；⑥产生部门收到接收部门返还的第一联正联及第二联副联之后，第一联正联自留存档，将第二联副联寄送移出地环保部门留档。

为便于描述，下文将联单的第一、二、三、四、五联等五联用英文字母 A、B、C、D、E 表示，则第一联的正联表示为 A1，副联为 A2，第二联的正联表示为 B1、副联表示为 B2。五联单具体流程如图 9-27 所示。

B. 信息管理。五联单基本信息主要包括三部分，分别由废铅酸蓄电池产生部门、运输部门和接收部门填写，其中产生部门主要填写内容：产生部门信息并盖章、运输部门信息、接收

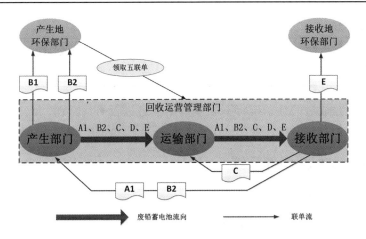

图 9-27　五联单具体流程示意图

部门信息，以及危险货物名称、类别编号、数量、特性、外运目的、主要危险成分、禁忌与应急措施、发运人、运达地、转移时间。

　　运输部门主要填写内容：第一、第二承运人、运输日期、运输工具信息、运输起点、经由地以及运输终点，并由相应运输人签字。接收部门主要填写内容：经营许可证号、接收人、接收日期、废物处置方式、负责人签字并盖章。

　　废铅酸蓄电池产生部门主要填写信息如表 9-1 所示。

表 9-1　废铅酸蓄电池产生部门填写信息表

产生部门		联系方式		通信地址	
运输部门		联系方式		通信地址	
接收部门		联系方式		通信地址	
名称		类别编号		数量	
特性		形态		包装方式	
外运目的		危险成分		禁忌与应急措施	
发运人		送达地		转移时间	

　　运输部门主要填写信息如表 9-2 所示。

表 9-2　运输部门填写信息表

第一承运人		运输时间		运输工具信息	
运输起点		经由地		运输终点	
第二承运人		运输时间		运输工具信息	
运输起点		经由地		运输终点	

　　接收部门主要填写信息如表 9-3 所示。

表 9-3　接收部门填写信息表

经营许可证		接收人		接收日期	
处置方式		负责人		盖章日期	

　　信息管理主要是通过信息系统将五联单基本信息进行采集、流转、上报并打印输出,最终实现五联单流转信息化。

9.2.4　运输与配送管理系统

9.2.4.1　需求分析

　　运输与配送是铅资源循环利用中重要内容,运输主要是关于干线、长距离、大批量的货物运输,配送是在城市内、短距离、小批量、多种类的货物运输。运输与配送管理系统是以各级网点之间的运输为核心,以危险品运输相关规则为约束,合理安排运输线路与车辆,为整个回收网络提供运输管理与服务。

　　运输与配送管理系统包括基础信息管理子系统、运输计划管理子系统、车辆调度管理子系统、动态实时跟踪管理子系统、车辆状态及安全管理子系统、统计与分析管理子系统 6 个子系统,每个子系统包括若干个功能模块。运输与配送是直接面向具体运输指挥和操作层面的信息系统,它在运输计划的基础上,利用调度优化模型完成车辆调度,对运输进行全过程管理。废铅酸电池属于危险品,根据相关运输规范,针对铅酸蓄电池产品特点及保存条件,运输与配送管理系统能够对运输过程中车辆信息动态实时获取、及时反馈,合理安排危险品运输。同时,本系统能够统计和分析运输过程中的相关数据,提高运输服务质量,为决策支持系统提供相关数据。

9.2.4.2　业务流程及数据流程分析

　　(1)业务流程分析

　　运输业务流程主要包括运输计划的制定与执行、车辆调度、动态跟踪、统计与分析等主要环节。运输与配送系统围绕这些主要环节,对整个运输过程进行监控与管理。各网点向系统发送运输需求,系统根据网点数据信息安排运输计划,发送调度计划。由于四级网点收集量有限,运输车辆需要收集多个四级网点废电池才能达到满载,满载后运往三级回收网点。二级回收网点主要承担管理三级网点的任务,根据需要部分二级网点也设有仓库,这些二级网点也是运输业务流程中的重要节点。运输业务流程分析如图 9-28 所示。

　　如图 9-28 所示,废铅酸蓄电池在四级网点从贮存箱取出后放入托盘打包运往三级网点,三级网点的废铅酸蓄电池与部分设有仓库的二级网点的废铅酸蓄电池直接运往吉天利科技产业园区。网点间运输的主线业务流程为运输与配送管理系统根据回收网点贮存信息或者人工申请确定运输需求,管理人员接受运输需求并进行运单审核;在运单确认后制定运输计划,进行车辆调度管理;在运输过程中信息中心通过动态实时跟踪管理、车辆状态及安全管理对车辆状态进行管控和数据采集;在完成运输任务后对运输过程中的运单和相关数据进行统计与分析管理。

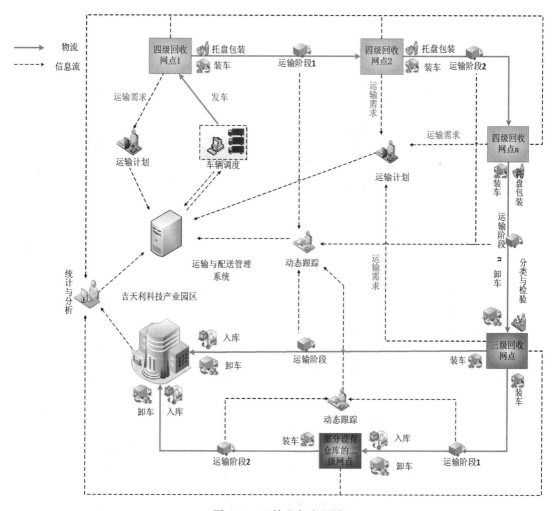

图 9-28 运输业务流程图

（2）数据流程分析

数据流程是信息原始数据经采集后，输入计算机系统，进行统计运算或者按照用户的特殊要求处理数据，最后输出结果数据。根据铅资源循环利用的运输业务内容，结合数据信息在平台各系统间的传输情况，绘制了运输过程的数据流程图，如图 9-29 所示。

9.2.4.3 系统总体结构

运输与配送管理系统总体结构是对运输与配送管理系统框架的进行设计，把整个系统划分为 6 个子系统，每个子系统下设有多种功能，运输与配送管理系统总体结构如图 9-30 所示。

如图 9-30 所示，运输与配送管理系统下的 6 个子系统对运输过程的所有资源进行实时的调度和跟踪，合理安排驾驶员、车辆和运输任务三者间的关系，提供对回收电池的分析、运输量计算以及最佳运输路线的选择，实现了运输过程的统一管理，能够提高运载效率，减少危险货物运输中的安全隐患，为客户和吉天利科技工业园区提供更好地服务与管理。

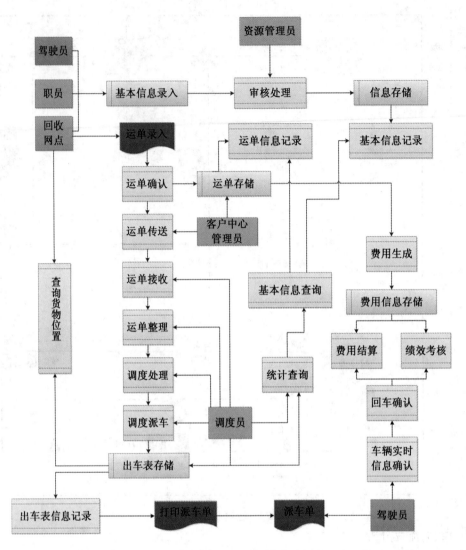

图 9-29　运输数据流程图

9.2.4.4　功能描述

运输与配送管理系统运输作业过程的统一化、信息透明化,可提高运输效率和运输全程控制。运输与配送管理系统下包含 6 个子系统,分别为基本信息管理系统、运输计划管理、车辆调度管理、动态实时跟踪管理、车辆状态及安全管理和统计与分析管理。

(1)基础信息管理子系统

基础信息管理子系统作为制定运输任务与执行运输任务的重要数据来源,主要负责对运输过程中有关各主体基本信息的管理,包括系统用户、运输车辆、运输人员、客户和货物信息的录入、导入、查询、修改、删除等功能。

1)系统用户管理。系统用户管理包括用户信息的添加、修改、删除操作。在这一模块中,将用户分为不同级别,赋予相应的权限,设置管理级用户、操作级用户和普通级用户,通过设置不同用户的不同权限,方便用户使用的同时提高系统的安全性。

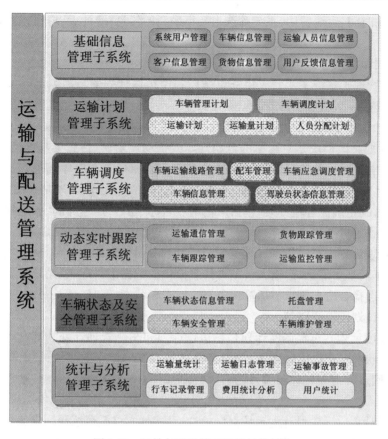

图 9-30　运输与配送管理系统总体结构

2）车辆信息管理。车辆信息管理主要是对车辆基础信息的查询、录入、修改和删除。车辆基础信息包括：车号、车辆的牌照、车辆型号、发动机号、载重量、容积、出车次数、行驶里程、责任人姓名、车辆保险信息、车辆照片以及主要司机等信息。

3）运输人员信息管理。运输人员信息管理主要有人员基础信息管理、人员薪酬管理、业务信息管理三大内容。员工基础信息管理包括运输员工的工作分类、姓名、性别、家庭住址、驾照号、准驾车型、违规情况、联系方式等个人基础资料；人员薪酬管理统计记载有人员工资、奖金、福利等支取状况；业务信息管理对运输人员的全部业务操作信息进行记录与查询。运输人员还包括押运人员。

4）客户信息管理。本模块主要是对客户信息的查询、录入、修改和删除。系统给每个客户设定一个专有的编码，客户信息输入系统后，企业相关人员可以在系统中查询到客户的详细信息，包括网点名称、编码、法人代表、地址、交通地理状况、电话、传真、Email、主页、回收地域范围、回收电池种类和回收历史记录等。

5）货物信息管理。本模块把废电池信息的录入、查询和更改作为主要内容。废电池信息包括货物编号、电池型号、数量、回收网点编号与名称、途径网点名称、运输时间。在系统中，用户可以对回收的废电池的相关信息进行添加、修改、查询等操作。本模块和仓储与库存管理中的货物信息管理紧密结合，实现了对货物全过程的信息管理。

6）用户反馈信息管理。用户反馈信息管理是对用户意见和建议的收集与整理，包括对运输质量、运输时间、运输费用,系统筛选出频率最高的信息,统计后以报告的形式呈现给管理人员。

(2)运输计划管理子系统

运输计划管理子系统主要完成铅资源循环利用运输计划的自动制定与手动制定,提供对相关信息录入、导入、查询、修改和删除等操作。运输计划管理包括运输计划、车辆管理计划、车辆调度计划、运输量计划和人员分配计划。

1)运输计划。该模块是对运单的自动规划或手动规划,包括运单基本信息、运输计划,系统用户可以实现对运单和运输计划的查询、修改和添加。运单基本信息包括货物装车地、货物卸车地、运输时间、货物类型、数量、重量、注意事项等。运输计划是在对所有运单统计分析的基础上,制定最优运输方案,包括运输网点名称、编号、运输时间、搬运作业时间、货物编号和计划装载重量等信息。

2)车辆管理计划。车辆管理计划是对车辆和驾驶员信息的统计与显示。该模块把分散在车辆状态、车辆基本信息、运输人员基本信息模块的数据汇集起来,系统根据车辆、运输人员和运输计划选择合适车辆承担运输任务,包括:车辆状态、车号、驾驶员状态、运输里程、历史运输路线和计划运输线路等。

3)车辆调度计划。车辆调度计划是在运输计划和车辆管理计划的基础上,结合途经站点的近期交通状况和车辆周转情况,制定运输过程和车辆使用的具体计划,包括:车辆出发时间、各回收网点或货仓名称和编号、到达装卸地时间、搬运作业时间、行驶路线、车辆返回时间等。

4)运输量计划。运输量计划系统以废电池运输量的存储、分析与制定为主要功能,主要包括:废电池运输量的上年度的实绩、本年度及各季度的计划值以及本年计划与上年度实绩之间的比较等内容。

5)人员分配计划。人员分配计划是根据目标和任务正确选择、合理使用人员,以尽可能少的人员去完成组织结构中规定的各项任务,包括驾驶员信息、装卸人员信息、责任人信息。

(3)车辆调度管理子系统

车辆调度管理子系统主要是根据运输计划管理子系统制订的各项计划,综合考虑实际情况和突发状况,完成运输任务。主要功能包括:车辆运输线路管理、配车管理、车辆应急调度管理、驾驶员状态信息管理和车辆信息管理。系统用户还可以对运输线路、车辆、驾驶员等的信息进行查询、更新、录入等操作。

1)车辆运输线路管理。本模块主要功能是对运输线路的查询、修正、更新,包括线路途经网点名称、编号、道路类型、路线长度、道路限制要求和近期交通状况。

2)配车管理。本模块主要功能是对车辆调度计划的执行情况进行查询、修正与更新,包括承担运输任务责任人信息、车辆信息、驾驶员信息、跟车人员信息、运输线路、运输量等。

3)车辆应急调度管理。当某个执行运输任务的车辆在运输过程中出现问题甚至事故时,本模块可以根据现有驾驶员与车辆情况,指派其他车辆保证运输任务完成。数据信息包括替代车辆信息、驾驶员信息、出发时间、到达时间、接替任务地点、当前任务完成情况、货物损坏情况。同时记录事故时间、事故地点、事故原因、对方车号、对方单位、处理方式、处罚金额等信息。

4）驾驶员状态信息管理。驾驶员状态信息管理主要是对驾驶员出勤信息、任务执行信息的查询与修改，同时与基础信息管理模块连接，可以显示驾驶员驾驶执照号、准驾车型、有效期等与运输过程直接相关的信息。押运人员参照驾驶员信息管理。

5）车辆信息管理。车辆信息管理是对车辆运输任务执行情况进行记录。在本模块可以看到每辆车每次的出车记录，包括：出车日期、装卸回收网点的名称和顺序、运输量、目的地、驾驶员、出车小时、运行公里。

（4）动态实时跟踪管理子系统

动态实时跟踪管理子系统是利用全球定位技术、RFID 技术和互联网通信技术实现对运输过程中车辆、货物的实时跟踪与监控，并对获取的数据进行分析，作为费用计算和决策制定的依据。主要功能有：运输通信管理、货物跟踪管理、车辆跟踪管理以及运输监控管理。

1）运输通信管理。运输通信管理指依靠互联网技术和全球定位技术，实现运输车辆与运输与配送管理系统间的无线通信，运输车队的管理人员可通过运输通信管理模块直接向所选车辆传达信息或指令，车载设备还可以将数据等文字信息自动转换为语音方式通知驾驶员。

2）货物跟踪管理。货物跟踪管理是通过托盘 RFID 数据信息和运输状态单来实现对货物状态的跟踪，货物状态包括货物运输状态和货物基本情况。运输状态包括出车、提货抵达、提货完成、卸货抵达、卸货完成、签收完成；货物基本情况包括：废电池型号、数量、重量、经办人、损坏情况。

3）车辆跟踪管理。车辆跟踪是指用户可以随时在电子地图上查看被跟踪车辆当前位置信息，并有按车型定位、按区域定位、文字描述车辆位置、历史回访等功能，还可以查询指定车辆的行驶状态信息，包括时间、速度、方向、车辆故障。

4）运输监控管理。运输监控管理可以对货物和车辆的跟踪信息进行整理，与运输计划进行比较，如果出现实际运输过程与运输计划不相符合的情况，立刻通报运输管理人员，由管理人员根据现场情况进行处理。

（5）车辆状态及安全管理子系统

车辆状态及安全管理子系统是根据运输基础信息和运输计划执行情况，对运输车辆和相关运输设备状态和安全状况进行记录与分析，保证运输过程的安全和运输任务的顺利进行。主要包括车辆状态信息管理、托盘管理、车辆维护管理和车辆安全管理 4 项功能。该模块还可以实现对信息的新增、修改、删除、查询及打印、输出功能。

1）车辆状态信息管理。在车辆状态管理中，可以显示出车车辆、待命车辆、维修车辆的信息，这一模块需要与其他模块相连接，能够显示车辆状态的开始时间、预计结束时间、负责人和经办人。通过车辆管理模块，用户可以进行添加、查看、修改、查询等操作。

2）托盘管理。托盘管理是基于 RFID 对托盘使用情况进行全程管理，包括托盘状态管理、存库盘点管理、托盘使用管理、托盘维修管理，系统用户可以根据需要对托盘信息进行添加、修改和删除。托盘状态分为在途、在库空盘、在库非空、报废维修和备用；托盘使用管理包括托盘出库记录、托盘入库记录、运输人信息、运输任务信息；存库盘点是对在库托盘的信息管理，包括托盘的位置与状态；托盘维修管理包括托盘损坏情况、维修地点、维修时间、经办人。

3)车辆维护管理。车辆维护管理是对车辆的维修周期、维修记录、维修费用以及使用频率、行驶状态等进行记录与分析,确保状态良好的车辆才能执行运输任务,并将车辆维护信息作为运输计划、行车指导等决策的参考。

4)车辆安全管理。车辆安全管理与车辆应急调度管理和车辆维护管理模块相连接,系统用户可以对车辆安全状况和车辆历史事故信息进行录入、修改和更新等操作,包括车辆保险信息、车辆年检信息、车辆定期安全检查信息、历史交通事故信息、车辆负责人、驾驶员违规情况等。

（6）统计与分析管理子系统

统计与分析管理子系统依据运输管理数据,提供不同形式的查询统计,分块记录运输过程中各项内容,同时自动生成各种统计报表及图表,为系统用户和管理者提供决策依据。统计与分析管理子系统共包括6项功能:运输量统计、行车记录管理、运输事故管理、运输日志管理、费用统计分析和用户统计。

1)运输量统计。运输量统计是针对铅资源循环利用中铅回收与铅再生环节业务量的一项统计功能。通过对季度、年度的业务量统计,可以分析废铅酸蓄电池的转移情况,并为铅资源循环利用的运输资源、运输策略规划提供数据支撑。

2)行车记录管理。行车记录是对行车过程中的驾驶员信息、车辆状态信息、路况信息、车载货物信息等收集到的数据进行存储与整合。记录的数据可以作为相似运输计划制定和事故分析的依据。

3)运输事故管理。运输事故管理功能是对在运输过程中发生的各项问题进行收集与整理,为运输绩效考核和运输环节优化提供数据。

4)运输日志管理。运输日志管理是对每项运输任务进行记录,包括从制订计划、执行计划、车辆调度到动态跟踪、绩效分析整个过程中运输情况的收集与整理。

5)费用统计分析。费用统计分析模块包括费用的计算和费用的统计。费用计算是根据运输任务执行情况,按照规定的费率计算得出运输过程中的相关费用,包括出车补助、运输费用、装卸费用、燃料费等,系统用户可以在此模块调整费率;费用统计是对完成每次运输任务使用的费用进行统计,包括出车补助、运输费用、装卸费用、燃料费、维修费、交通事故补偿费用,并对上述费用进行分析并提供报表显示,为管理者提供参考。

6)用户统计。用户统计系统对用户访问量及用户操作次数和操作间隔进行统计与分析,掌握各子系统对用户的重要程度,为日常维护与系统再开发提供依据。

9.2.5 回收费用与结算管理系统

9.2.5.1 需求分析

目前,我国还未出台一套完整的废铅酸蓄电池回收管理法规,尚未建立专业性的全国回收网络,回收市场很不规范,处于多管齐下、多家收购、分散经营的无序状态,没有形成完善的铅资源循环利用管控体系,粗放运营,缺乏相关准确数据,信息化建设落后。

回收费用与结算管理系统共包括基础数据管理、订单管理、统计与分析管理、回收任务量考核与分析和财务管理5个子系统,每个子系统包括4~6个功能模块。本项目设立结算中心,通过结算中心与回收点、运输企业、再生铅企业、电池生产企业之间的协同运作,实现铅资源循环利用中的物流、信息流、资金流的准确、高效流通,同时保证各环节的利润分配。

回收费用与结算管理系统旨在对铅资源循环过程中每个节点铅的数量进行管控,实现铅资源数据的精确采集,并完成财务结算,配合政府主管部门规范建立铅资源循环利用市场管理机制,充分发挥铅酸蓄电池闭合循环产业链价值,打造铅再生循环利用示范工程,提高国内铅资源回收率与综合利用率,为铅资源循环链精细化管理提供数据支持。

9.2.5.2　业务流程

(1)回收流程

由于国内废电池处理行业还没有建立一套产业化、规模化的运作模式,目前我国缺乏完整的回收体系,处于"多家收购、多管齐下,分散经营"的状态,大量个体从业者成为回收的主力军。由于小规模回收厂不建设污染控制设施,甚至不办理许可证,其回收加工过程中污染情况十分严重。结算中心的设立为电池回收这一逆向物流链提供更为完善的管理模式,具体如图 9-31 所示。

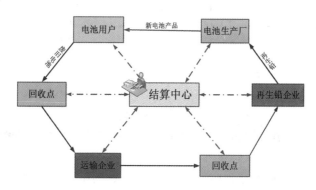

图 9-31　废电池回收结算框架

如图 9-31 所示,设立结算中心后,新的回收模式正规、完善。在此回收模式中,回收点是指遍布全国的各级废电池回收网点,运输企业是指提供运输服务的相关企业,再生铅企业是指具有废电池回收处理功能的企业,电池生产厂是指利用铅资源生产新铅酸电池的厂商。结算中心与回收点、运输企业、再生铅企业、电池生产厂之间存在信息流和资金流的往来,能够对铅资源的循环利用进行有效的管理和控制,并完成资金结算。

(2)结算流程

回收费用与结算管理系统通过将铅资源循环利用过程中的每个节点铅的数量进行核算,将铅资源回收过程中的数量和订单数据进行统一结算,并完成财务结算。因此,设立结算中心对电池回收网点、再生铅企业、电池生产企业等所有涉及铅的数量的企业进行综合监管,并向相关监管部门进行报告,具体业务流程如图 9-32 所示。

1)结算流程分析。整个结算业务流程包括物流、信息流和资金流,如图 9-32 所示。

A.物流。回收点从个人或企业电池用户回收废电池,达到一定数量后,由运输企业运输到上一级的回收网点,经过仓储运送至再生铅企业处理,得到再生铅运至电池生产企业,生产出的新电池经过经销商销售给个人或企业单位。

B.信息流。回收点将回收废电池的信息以订单形式传给结算中心,结算中心将运输任务传给运输企业,再生铅企业将回收的废电池信息、最终生产的再生铅数量报告给结算中

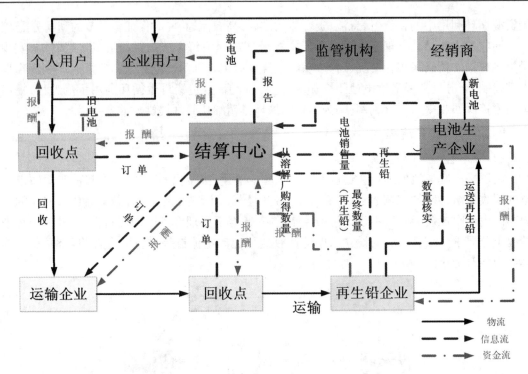

图 9-32　结算业务流程图

心,电池生产企业将电池销售量和从再生铅企业购得的再生铅数量报告给结算中心,最终由结算中心生成报告,提交给有关监管机构。

C. 资金流。回收点回收废电池时,根据废电池的数量和类型,给个人或企业支付一定费用,实行有偿回收,结算中心根据回收点完成的回收任务给予各回收点报酬,根据运输企业完成的运输任务给予运输企业报酬,再生铅企业根据回收的废电池数量支付结算中心报酬,以此形成完整的资金链。

2)结算参与方。处于核心地位的结算中心对铅资源循环利用体系中各环节进行综合监管,核查每个节点铅资源的数量,并且具备财务结算功能,与各节点存在着信息交流和资金往来。

A. 回收点。回收点回收废电池时,根据电池的不同型号、类型,给提供废电池的个人或企业用户一定的资金回报。回收点将订单传输给结算中心,订单包括回收电池类型、规格、重量、新旧程度(是否破碎? 是否倒酸?)、回收人、经办人、回收费用等详细信息,同时,结算中心根据回收点完成的回收任务量发放酬劳。

B. 运输企业。结算中心收集各回收点的信息,合理安排运输任务,将订单传输给运输公司,该订单包括运输起点、运输终点、运输电池的重量、类型、运输费用、运输车辆、危险品运输的相关单证等,运输企业根据订单完成运输任务,同时,结算中心为运输企业支付运输费用。

C. 再生铅企业。再生铅企业向结算中心支付购买废电池的费用,并把最终生成再生铅的数量报告给结算中心。

D. 电池生产企业。电池生产企业从再生铅企业购买再生铅,将购得的再生铅数量报告给结算中心,再生铅由再生铅企业运送至电池生产企业,生产电池并销售,并向结算中心汇报电池销售量、经销商等信息。

E.结算中心。结算中心综合统筹整个铅资源循环链的运作过程,对所有订单进行管理,对废电池回收量、再生铅生产量、再生铅或电池销售量进行统计分析,对各网点完成回收任务情况进行评估,对废电池有序回收、铅资源回收利用率进行考核,并完成资金的运作过程,最终生成完整的"铅足迹"循环链报告递交给政府有关监管机构。

3)结算时间。回收点在回收个人或企业用户的废电池时,根据电池的类型、重量、新旧程度等,给个人或企业支付一定回收费用,实行有偿回收,保证个人或企业在提供废电池的同时得到报酬。

结算中心根据各回收点完成的回收任务,每月定期为各回收点结算报酬;运输企业每完成一单运输任务,得到结算中心给予的酬劳;再生铅企业每购买一批废电池,需向结算中心支付报酬。

9.2.5.3 系统总体结构

回收费用与结算管理系统通过将铅资源循环利用过程中的每个节点的铅的数量进行核查,将铅资源回收过程中的数量和订单数据进行统一结算,并实现财务结算,同时能够实现回收任务量的考核和奖励及对回收过程中的成本和费用进行管理和控制,回收费用与结算管理系统总体结构如图9-33所示。

如图9-33所示,回收费用与结算管理系统对铅资源循环过程中涉及的回收网点、运输企业、再生铅企业、电池生产企业等基本数据进行管理,并完成相关数据的统计与分析,为整个铅资源循环利用运营管控提供数据支持。财务管理主要对铅资源循环的资金流进行管理,实现资金结算功能。同时,回收费用与结算管理系统根据各回收网点完成回收任务的情况进行考核与奖励。

9.2.5.4 功能描述

针对回收费用与结算管理系统所实现的功能,依据管理信息系统的设计原则,回收费用与结算管理系统主要包括5大子系统,分别是基础数据管理、订单管理、统计与分析管理、回收任务量考核与奖励和财务管理。

（1）基础数据管理

为实现铅资源管控的目标,对铅资源循环过程中涉及的回收网点、运输企业、再生铅企业、电池生产企业等基本数据进行管理,把握各节点在循环体系中的作用及地位。本项目设计基础数据管理子系统,其中包括回收网点数据管理、运输企业数据管理、再生铅企业数据管理、电池生产企业数据管理和数据确认与核实。

1）回收网点数据管理。对全国所有废电池收购网点进行统一管理,主要包括各回收网点的回收废电池数量、规格、重量、新旧程度、回收费用、回收任务、从业人员等数据信息。

2）运输企业数据管理。对负责运输废电池的运输企业基本信息进行管理,主要包括运输废电池的重量、种类、运输起点、终点、运输费用等数据信息。

3）再生铅企业数据管理。对再生铅企业的基本信息进行管理,主要包括进入再生铅企业的废电池数量、种类、重量、再生铅企业生产再生铅的数量、再生铅企业再生铅的销售数

图 9-33 回收费用与结算管理系统总体结构图

量、销售渠道等数据信息。

4)电池生产企业数据管理。对电池生产企业的基本信息进行管理,主要包括电池生产企业购买再生铅的数量和途径,电池(或极板)销售数量、电池销售渠道等信息。

5)数据确认与核实。结算中心对回收网点、再生铅企业、电池生产企业上报的数据进行核实,避免出现失误,保证数据的真实有效,确保掌握铅资源循环过程中每个节点铅的数量。

(2)订单管理

订单管理子系统主要针对结算中心与各回收网点、运输公司等以订单形式完成信息交互这一特点,提供订单管理、订单审核、订单查询等功能,统一对铅资源循环体系中订单进行管理。本项目设计订单管理子系统,包括订单管理、订单审核、订单查询、回收单据管理和运输单证管理。

1)订单管理。对铅资源循环体系中所有涉及的订单进行管理。回收点以订单形式将信息传输给结算中心,结算中心根据各回收网点情况,将运输任务以订单形式分配给运输企业,运输企业根据订单完成废电池的运输任务。

2)订单审核。结算中心在接收订单和发放订单时,都需要对订单内容进行审核,以免出现失误,系统设置一定的自动检查功能,出现错误时,及时提醒。

3)订单查询。系统提供订单查询功能,结算中心可以对订单进行查询,随时了解订单的进展状态和执行情况。

4) 回收单据管理。各回收网点在回收废电池时,需要将具体信息以订单形式传输给结算中心。订单包括回收电池数量、新旧程度、规格、重量、回收人、经办人、回收费用等详细信息。

5) 运输单证管理。结算中心在对回收单据进行审核后,将运输任务以订单形式传输给运输企业。订单包括运输起点、运输终点、运输电池的数量、类型、重量、运输费用、运输车辆、危险品运输的相关单证等。根据危险品运输的相关规定,运输企业在运输废电池时,需要办理相应的运输手续。

(3) 统计与分析管理

统计与分析管理子系统主要是对铅资源循环体系中各个节点铅资源的量进行统计分析,为整个铅资源循环利用管控提供数据支持。本项目设计统计与分析管理子系统,包括网点回收量统计与分析、运输量统计与分析、再生铅生产量统计与分析和销售量统计与分析。

1) 网点回收量统计与分析。根据各回收网点的基本数据,对各回收网点回收量进行统计,作为回收任务量考核的基础和依据。并通过分析各网点的回收(包括以旧换新量与比例)和运营情况,不断改变管理策略,优化网点布局,调整运输方案。

2) 运输量统计与分析。根据运输企业的基本数据,对各运输企业废电池的运输量进行统计,分析运输任务完成情况,为优化运输方案提供参考。

3) 仓储量统计与分析。对具有仓储功能的回收网点废电池仓储量进行统计,作为仓库布设、运输任务安排的重要依据。

4) 再生铅生产量统计与分析。根据再生铅企业的基本数据,对再生铅企业生产的再生铅数量进行统计,掌握再生铅的销售渠道,并综合分析铅资源的回收利用率。

5) 销售量统计与分析。根据电池生产企业的基本数据,对电池生产企业的销售量进行统计和分析,掌握电池的销售渠道,为电池生产企业"销—回—"提供统计依据。

(4) 回收任务量考核与奖励

回收任务量考核与奖励子系统主要针对各回收网点完成回收任务的情况进行考核与奖励。根据不同网点的实际情况,对不同省市区域、不同等级、不同类别的回收网点制订不同的回收任务及考核、奖励标准,并按照考核标准对各回收网点进行考核,对超额完成回收任务的网点进行奖励。本项目设计回收任务量考核与奖励子系统,包括网点回收任务量制订、网点回收量查询、网点回收量考核和网点回收量奖励。

1) 网点回收任务量制订。根据各网点所处的地理位置及周边实际情况,对不同省市、不同等级的网点设定不同的废电池回收任务,作为考核回收网点的参考标准。

2) 网点回收量查询。系统对各网点的回收情况进行管理,结算中心随时可对各回收网点的回收量进行查询,了解各网点完成回收任务的情况,方便管理。

3) 网点回收量考核。根据各网点的回收任务量,定期对各网点回收量进行考核。对超额完成任务的网点进行奖励;对无法完成回收任务的网点进行整治,找到实际存在的问题,并妥善解决;对于长期无法完成回收任务的网点,根据实际情况进行迁移、合并或撤销。

4) 网点回收量奖励。对于超额完成回收任务的回收网点,结算中心给予一定的奖励。根据具体情况评定超额等级,制订明确的奖励标准,超额完成任务等级越高,奖励越多,充分激发回收网点工作的积极性。

（5）财务管理

财务管理子系统主要实现铅资源循环的资金流管理，计算废电池的回收成本，根据成本制订费用标准，最终完成与回收点、再生铅企业的费用结算，生成财务报表。针对铅资源循环链中资金运作问题设计财务管理子系统，包括成本计算、费用制订、费用结算和财务报表生成。

1）成本计算。充分考虑实际情况，根据各回收网点回收废电池回收量、回收种类，再生铅企业生产成本、数量等，综合考虑废电池回收、处理各个环节的成本，为费用制订提供参考。

2）费用制订。参照成本，根据不同地区的实际情况，在不同地区设定不同的费用标准，充分考虑回收成本、运输成本等。

3）费用结算。通过银行等金融机构，结算中心完成铅资源循环利用体系中与各回收网点、再生铅企业等有关企业的资金运作。

4）财务报表生成。根据结算中心与其他企业的资金来往生成财务报表，为综合分析铅资源循环利用体系提供参考。

9.2.6　电子商务与展示系统

9.2.6.1　需求分析

电子商务是以通信技术和信息技术替代传统交易过程中纸介质信息载体的存储、传递、统计、分布等环节，实现吉天利与供应商、销售商和客户的商业互动，促进吉天利内部和外部资源更有效的配置，并达到使物流和资金流等实现高效率、低成本信息化管理、网络化经营的目的。

电子商务与展示系统共包括商品展示、网上交易、合同管理、网上支付、订单管理、交易撮合和客户服务 7 个子系统，每个子系统包括 4~6 个功能模块。本系统主要服务于吉天利科技产业园区产品的展示与销售环节，一方面针对吉天利生产的新电池，另一方面针对回收的废电池。吉天利充分利用网络平台，更好地展示各类电池及其他相关产品特性，供顾客参观选购，同时更便捷地完成商品交易，吸引更多购买客户。因此，针对吉天利科技产业园的实际情况和未来发展愿景，设计并建立电子商务与展示系统具有重要意义。

9.2.6.2　业务流程与数据流程分析

（1）业务流程

依托完善的物流配套体系，吉天利科技产业园区可构建将商流、货流、资金流、信息流一体处理的综合服务平台。为了更好地展示各类电池及产业园区其他产品信息，给吉天利和顾客提供更加方便快捷的电子交易平台，高效安全地完成在线交易，分析电子商务与展示系统的业务流程，如图 9-34 所示。

由图 9-34 可以看出，电子商务与展示系统的业务流程大致可分为交易前、交易中和交易后。

交易前，吉天利科技产业园区在系统上公布各类电池及相关产品的信息和交易方式，顾客通过网络寻找适合的商品信息和交易机会，双方通过在线方式进行信息的交流，完成对商

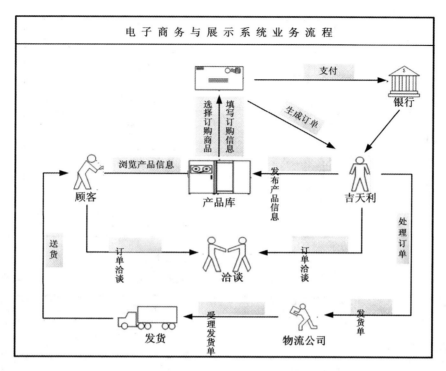

图 9-34　电子商务与展示系统业务流程分析

品价格、交易条件的比较,作好交易前的准备。

交易中,吉天利和顾客在网上进行交易细节的谈判,就双方的权利、义务等相关事宜以及违约和索赔等达成协议或合同,然后以电子签约的形式签订合同。在履行合同之前,双方还要完成与相关的单位交换电子票据和电子单证的工作。

交易后,吉天利和买家完成交易手续后,将委托相关物流企业进行配送,金融机构进行货款结算,并继续向用户提供优质方便的售后服务。

(2)数据流程

根据电子商务与展示系统业务流程的特点,分析其数据流程,如图 9-35 所示。

从图 9-35 可以看出,在电子商务与展示系统中,顾客通过系统查询并确定所需购买的产品,通过与吉天利洽谈,最终确认订单并完成支付,而吉天利则根据订单完成发货并提供后续相关服务。

9.2.6.3　系统总体结构

电子商务与展示系统通过互联网将吉天利科技产业园区的各类电池及其他产品信息展示给顾客,并实现和顾客网上洽谈、交易和支付,同时能够对双方的交易过程及支付过程进行管理。由于本系统需要与其他相关系统进行数据交换,因此平台中其他相关系统和业务应用系统为本系统提供数据支持,电子商务技术为该系统的实现提供技术支持,系统总体结构如图 9-36 所示。

如图 9-36 所示,电子商务与展示系统为吉天利科技产业园区的各类电池及其他相关产品搭建良好的展示平台,使顾客更方便快捷地了解、查询所需商品的性能及特点,协助顾客

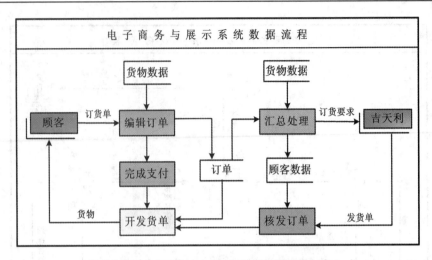

图9-35　电子商务与展示系统数据流程分析

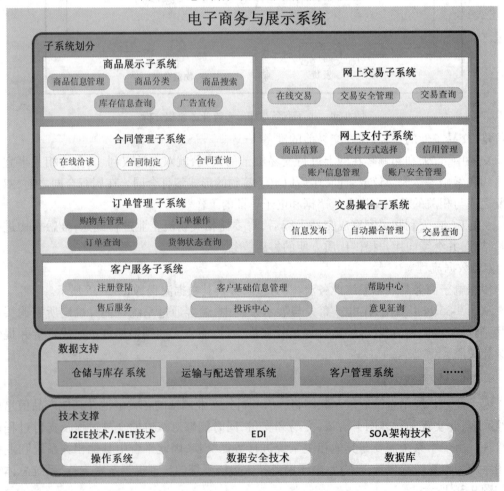

图9-36　电子商务与展示系统总体结构图

进行网上交易,完成网上支付,并管理吉天利与买家签订的合同,同时提供交易撮合功能。

9.2.6.4 功能描述

针对电子商务与展示系统所实现的功能,结合吉天利科技产业园区的实际情况,电子商务与展示系统由 7 个子系统组成,包括商品展示、网上交易、合同管理、网上支付、订单管理、交易撮合和客户服务。

(1)商品展示子系统

商品展示子系统主要展示吉天利科技产业园区的各类电池及其他相关产品,本系统能够为其搭建良好的展示平台,使顾客更方便快捷地了解到商品的性能及特点,起到广告宣传作用。建立商品信息数据库,并将商品分类,提供商品搜索功能,方便顾客查找所需商品,同时吉天利也能实时获得商品库存信息。商品展示子系统包括商品信息管理、商品分类、商品搜索、库存信息查询和广告宣传。

1)商品信息管理。建立吉天利产品信息数据库,包括各类电池及其他产品的名称、规格、重量、新旧程度、数量、价格、仓储情况、功能、售后等详细信息。

2)商品分类。根据各类电池及其他相关产品的类型、特性、功能进行分类,方便对商品的进一步管理。

3)商品搜索。根据商品的分类,为顾客提供商品搜索功能,方便顾客查找所需商品,顾客可根据自身情况选择查询条件。

4)库存信息查询。根据仓储管理系统提供的信息,能够实时获得商品库存的情况,并能够查询目前商品剩余数量、所在仓库、货架、是否完好等信息。

5)广告宣传。在电子商务中,信息发布的实时性和方便性是传统媒体无可匹敌的。吉天利可通过服务器在互联网上发布商业信息供顾客浏览,顾客则能够迅速了解商品信息。广告宣传可采取网络动画、网络实时互动、网上产品发布会等丰富多样的形式吸引顾客,达到更佳的广告宣传效果。

(2)网上交易子系统

网上交易涉及人、财、物多个方面,交易中涉及银行、金融机构、信用卡公司、税务、环保等多个部门,吉天利和顾客要利用电子商务与有关各方对电子票据和电子单证进行交换,结合目前电子商务所应用的技术,设计网上交易子系统,包括在线交易、交易安全管理和交易查询。

1)在线交易。顾客在确定所需购买的商品后,通过网络进行下单,完成在线交易。

2)交易安全管理。通过设立防火墙、入侵检测、漏洞检测等保障整个交易过程的安全,保证所有用户信息不被泄露。

3)交易查询。买家可以查询所购买货物的基本信息,吉天利可以查询所售商品的情况及买家的基本信息,便于统计分析。

(3)合同管理子系统

吉天利与顾客利用电子商务系统对所有交易细节进行网上谈判,将双方磋商的结果以电子文件的形式签订贸易合同。合同中必须明确在交易中的权利、义务,双方利用 EDI 进行签约,因此设计合同管理子系统,包括在线洽谈、合同制订和合同查询。

1)在线洽谈。吉天利和顾客利用电子商务系统对所有交易细节进行网上谈判,对所购买商品的种类、数量、重量、价格、交货地点、交货期、交货方式和运输方式、违约和赔偿等事宜进行磋商。

2）合同制订。根据双方洽谈的内容制定电子合同,合同中必须明确在交易中双方的权利、义务,双方利用 EDI 进行签约。

3）合同查询。吉天利和买家都能对合同进行查询。

（4）网上支付子系统

吉天利与顾客通过电子支付方式进行数据交换,顾客选择合适的支付方式,银行和金融机构按照合同处理双方的收付款,进行结算后出具相应的银行单据,直到顾客收到商品。系统同时对账户信息和安全进行管理,并对买方信用进行评价。为保证交易安全,确保双方利益不受损失,设计网上支付子系统,包括商品结算、支付方式的选择、账户信息管理、账户安全管理和信用管理。

1）商品结算。在订单确定后,银行和金融机构按照合同处理双方的收付款,进行结算后出具相应的银行单据。

2）支付方式的选择。支付方式有会员制的电子支付形式、储值卡的支付形式、电子现金、信用卡、电子支票等,买家选择合适的支付方式。

3）账户信息管理。系统对账户信息进行管理,方便日后查询,并保证其账户安全。

4）账户安全管理。系统设立防火墙、入侵检测等以保证交易安全。

5）信用管理。每次交易完成,都对买方的信用进行评价并累计,为以后的交易提供参考。

（5）订单管理子系统

顾客可以通过购物车查看拟购买的商品,对商品进行添加、删除、修改等操作,确认订单后,可对订单进行拆分、合并、删除等操作。另外,买卖双方可以查询订单及货物状态。为使顾客更便捷地完成购物,设计订单管理子系统,包括购物车管理、订单操作、订单查询和货物状态查询。

1）购物车管理。买家可以通过购物车查看拟购买的商品,对商品进行添加、删除、修改等操作,方便买家选择。

2）订单操作。确认订单后,在一定条件下,可对订单进行修改、拆分、合并、删除等操作。包括修改订单的状态、修改订单中商品的数量等操作,也可以批量修改订单的状态。

3）订单查询。吉天利和买家都可以对订单进行查询。可根据配送地区、送货方式、支付方式等检索条件查看订单,可以查看所有订单,并且同时显示订单相关统计结果,也可以直接输入订单号查看订单信息。

4）货物状态查询。买家可以通过交易查询所购买的货物目前的状态、所处的位置、送达时间等信息;吉天利可以查询到是否发货、货物位置、买家是否签收等信息。

（6）交易撮合子系统

撮合交易是在吉天利和多个买方之间开展的一种交易方式。买家将自己的购买需求、吉天利将其可提供的产品及其报价同时在系统公布,其后由该系统的自动撮合程序按照一定的交易规则或者买卖双方的意愿进行匹配,匹配成功后形成交易的成交结果,并将结果通知买卖双方。本项目采用自动交易撮合的方式解决吉天利和买家信息不匹配的问题,为此设计了交易撮合子系统,包括信息发布、自动撮合管理和交易查询。

1）信息发布。买方需将自己的购买需求在系统公布,吉天利将其可提供的产品及其报价同时公布。

2）自动撮合管理。自动撮合程序按照一定的交易规则(例如价格优先,时间优先)或者买卖双方的意愿进行匹配,其后由该系统匹配成功后形成交易的成交结果。

3）交易查询。系统将结果通知买卖双方,双方都可进行查询。

（7）客户服务子系统

为了保证交易规范和安全,对所有客户的信息进行管理和维护,为给客户提供更优质的服务,帮助客户更顺利地完成整个购物过程,积极听取客户意见,强调用户体验,体现"客户至上"的服务理念,设计客户服务子系统。客户服务子系统包括注册登录、客户基础信息管理、帮助中心、售后服务、在线客服、投诉中心和意见征询。

1）注册登录。顾客购买商品、提交订单必须先登录系统,首次购买商品需先注册,填写客户相关资料,包括姓名、联系电话、配送地址、邮编等。

2）客户基础信息管理。系统对所有客户的基础信息进行管理,对顾客的姓名、联系电话、配送地址、邮编、购物记录、信用情况等进行管理,并保护用户资料。

3）帮助中心。客户在使用电子商务与展示系统过程中,遇到的问题都可向帮助中心寻求帮助,在线的客服可帮助客户解决出现的问题。

4）售后服务。根据吉天利与顾客交易合同中规定的条款,吉天利负责对买家提供相应的售后服务,买家可通过系统联系吉天利售后部门并说明情况。

5）投诉中心。若客户对吉天利提供的服务不满意,可向吉天利进行投诉,吉天利在一定时间内做出回应和处理。

6）意见征询。系统通过网页上"选择"、"填空"等格式文件来收集用户对吉天利产品及销售服务的反馈意见,并可借助电子邮箱、论坛等来提供更加完善的售后服务。系统将客户的意见及时反馈给吉天利,为吉天利改进产品、开拓市场、提升服务水平提供意见。

9.2.7　安全管理与应急保障系统

9.2.7.1　需求分析

基于铅资源循环利用信息服务平台建设需求,针对铅资源循环利用与运营过程中回收网点、运输与配送、仓储与库存等日常运营业务中出现的突发情况,建立铅资源循环利用安全管理与应急保障系统,完善信息服务平台安全管理体系,一旦出现突发情况,快速启动应急流程,依据相关应急预案以最快的速度进行处理,将损失降到最低。

铅资源循环利用管控平台安全管理与应急保障系统的需求主要是对系统维护子系统、安全日常信息管理子系统、安全检查信息及评价子系统、安全预警子系统、突发事件应急管理子系统及统计分析子系统的需求。安全管理与应急保障系统是从铅资源循环利用业务过程中的人员、设备、管理等方面入手,通过将安全管理科学、安全决策科学及信息技术相结合,建立一套适应铅资源循环利用安全管理工作要求的集安全数据信息采集、传输、处理、评价、预警、决策支持为一体的安全信息服务平台。通过对各评价指标定量分析,使安全评价工作更加科学化、合理化,从而辅助企业安全管理部门进行科学的安全管理决策,提高铅资源循环利用信息服务平台应急响应能力。

9.2.7.2 业务流程和数据流程分析

(1)安全管理与应急保障系统业务流程

根据铅资源循环利用的具体业务流程分析,通过相关业务人员录入安全检查表的基础信息后,系统按照层次分析法对安全现状进行评价,然后分析评价结果判断警情,同时找出出现警情的主要原因并提供初步的决策支持,然后运用灰色预测理论建立预测模型对下一阶段警情进行预测,根据警情诊断及预测结果识别不安全原因并提供初步决策支持。另外相关业务人员录入安全奖励检查、隐患处理登记、安全检查记录、事故追查分析、安全事故案例、安全事故记录的基础信息后,系统将信息进行处理并存储到数据库中,以供统计分析子系统对数据进行统计分析并生成各种安全管理报表,具体的业务流程如图9-37所示。

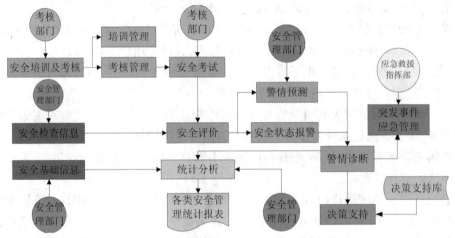

图9-37 安全管理与应急保障系统业务流程

(2)安全管理与应急保障系统数据流程

铅资源循环利用安全管理与应急保障系统的数据流程分析是把数据在组织内部的流动情况抽象的独立出来,舍去了具体的组织机构、信息载体、处理工作、物资、材料等,单从数据流动过程来考查实际业务的数据处理模式,主要包括评价基础信息以及安全日常管理数据,其中安全评价基础信息主要包括回收网点、仓储与库存、运输与配送相关安全信息;安全日常管理数据主要包括安全奖励记录、安全规章制度、隐患处理登记、事故追查分析等级以及安全事故记录等相关数据。数据处理包括基础数据维护、安全生产评价、安全预警以及查询报表及统计分析等。整个系统的数据输入、处理和存储流程如图9-38所示。

9.2.7.3 系统总体结构

铅资源循环利用管控平台安全管理与应急保障系统通过对铅资源循环利用相关业务及各回收节点的分析,全面考虑人员、设备、管理诸因素对评价结果的影响,建立铅资源循环利用信息服务平台安全评价指标体系,利用信息技术实现对铅资源循环利用与运营安全监察的全面管理,对采集到的安全检查信息进行识别诊断,引入定性与定量相结合的评价模型,以评价铅资源循环利用的运输安全状况,据此进行警情的识别、诊断及预测,并做出辅助决策供企业安全管理及工作人员参考并采取相应的控制措施。铅资源循环利用管控平台安全

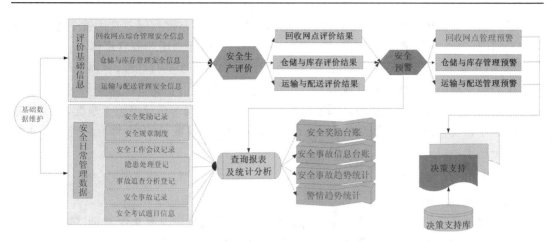

图9-38 安全管理与应急保障系统数据流程

管理与应急保障系统总体结构设计如图9-39所示。

图9-39 安全管理与应急保障系统总体结构

针对铅资源循环利用过程中回收网点、运输与配送、仓储与库存等日常运营业务中出现的突发情况,建立安全管理与应急保障系统,完善铅资源循环利用业务管理体系,一旦出现突发情况,快速启动应急流程,依据相关应急预案以最快的速度进行处理,将损失降到最低,切实保障铅资源循环利用信息及业务的安全性和应急保障能力。铅资源循环利用管控平台安全管理与应急保障系统具体包括系统包括6个子系统,分别为系统维护子系统、安全日常信息管理子系统、安全检查信息及评价子系统、安全预警子系统、突发事件应急管理子系统及统计分析子系统。

9.2.7.4 功能描述

(1)系统维护子系统

系统维护子系统在安全管理与应急保障系统的日常运行中具有系统管理、辅助信息支持等功能。该子系统实现用户管理、系统常用代码维护、用户密码修改、数据库备份、数据库恢复等功能。

1)用户管理。用户管理包括用户信息的添加、修改、删除操作。在这一模块中,将用户分为不同级别,赋予相应的权限,设置管理级用户、操作级用户和普通级用户,通过设置不同用户的不同权限,既可以方便用户使用,同时也能保证系统的安全性。本模块功能及处理过程如图9-40所示。

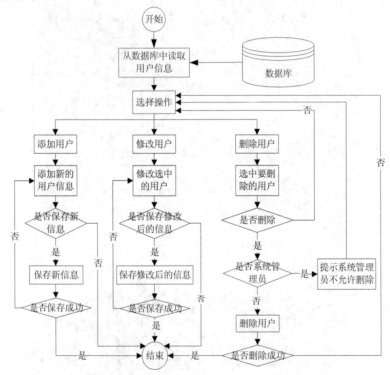

图9-40 用户管理模块功能及处理过程

2)系统代码维护。代码维护是用来对一些最基本的信息进行维护,以提高软件的外部适应性,主要功能是对各种代码信息提供增加、删除及修改操作。主要是对部门代码、工种岗位代码、事故类别代码、突发事件类型进行添加、修改和删除的操作。本模块功能及处理过程如图 9-41 所示。

3）用户密码修改。在该子系统中,还可以对用户的密码进行修改,修改密码时需输入原密码和新密码,以保证用户信息的安全性。

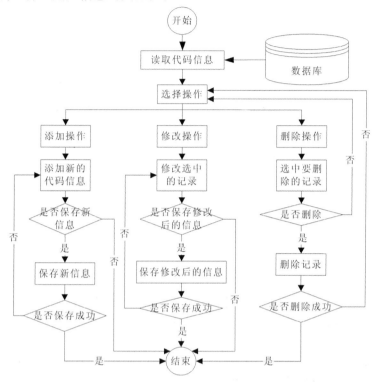

图 9-41 代码维护模块功能及处理过程

4）数据备份与恢复。为避免意外事故导致数据丢失的情况发生,系统提供数据备份和数据恢复功能,使得系统的数据拥有完全的安全性,本模块功能及处理过程如图 9-42 所示。

（2）安全日常信息管理子系统

安全日常信息管理子系统主要完成铅资源循环利用与运营安全管理相关信息的录入、导入、查询、修改、删除等功能。安全管理日常信息主要包括安全奖励记录表、安全规章制度制定、安全工作会议记录、安全检查记录、隐患处理登记、事故追查分析登记及安全事故记录日常信息。这些日常信息是安全工作的原始数据,是安全质量标准化的重要基础资料。该模块主要实现对下列数据表的新增、修改、删除、查询及打印、输出功能。下面通过安全日常信息管理内容以及子系统的模块功能和处理过程对安全日常信息管理子系统进行介绍。

1）安全日常信息管理功能。安全日常信息管理功能通过安全奖励记录表、安全规章制度制定、安全工作会议记录、安全检查记录、隐患处理登记、事故追查分析登记及安全事故记录 7 个方面对安全日常信息进行管理。系统对基础数据进行电子化管理,为安全统计提供了数据支持。

A. 安全奖励记录表。按表 9-4 格式对安全奖励的基础信息进行添加、修改、删除、打印等操作,为安全奖励统计分析提供基础数据,安全奖励记录界面设计包括信息录入、信息查

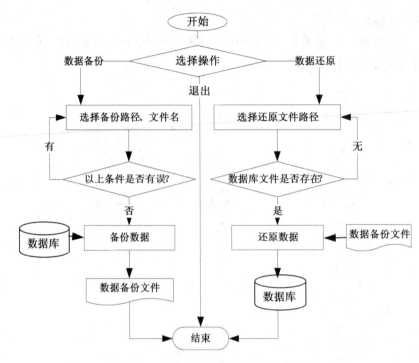

图 9-42　数据维护模块功能及处理过程

询和记录查询三部分,用户可对信息进行添加、修改、删除、保存和打印等操作。

表 9-4　安全奖励记录表

部门	姓名	岗位	奖励金额	奖励时间	奖励原因	备注

　　B. 安全规章制度制定。按表 9-5 格式对安全规章制度的基础信息进行添加、修改、删除、打印等操作,便于安监处对安全规章制度的电子化管理,并能方便地将制定的规章制度以固定的表格形式打印下发。安全规章制度管理界面设计包括信息录入、信息查询和记录查询三部分,用户可对信息进行添加、修改、删除、保存和打印等操作。

表 9-5　安全规章制度表

规章标题	规章内容	拟定日期	拟定人	审核日期	审核人

　　C. 安全工作会议记录。按表 9-6 格式对安全工作会议记录的基础信息进行添加、修改、删除、打印等操作,便于安监处对安全工作会议的电子化管理,并能够方便的将会议内容打印下发。系统界面设计包括信息录入、信息查询和记录查询三部分,用户可对信息进行添加、修改、删除、保存和打印等操作。

表 9-6　安全工作会议记录表

时间	地点	主持人	参加人员	会议内容	备注

D.安全检查记录。按表9-7格式对安全检查记录的基础信息进行添加、修改、删除、打印等操作,便于安监处对安全检查工作的管理。安全检查记录界面设计包括信息录入、信息查询和记录查询三部分,用户可对信息进行添加、修改、删除、保存和打印等操作。

表9-7　安全检查记录表

单位	检查时间	检查地点	检查组成员	主要检查内容	备注

E.隐患处理登记。隐患处理登记按表9-8和表9-9对隐患处理信息进行添加、修改、删除等操作,便于安监处对隐患处理的电子化管理以及对隐患的分类查询。隐患处理登记界面设计页框对象包含两页:一页是"信息录入",另一页是"信息浏览"。包括信息录入、信息查询和记录查询三部分,用户可对信息进行添加、修改、删除、保存和打印等操作。

表9-8　发现隐患的信息

发现隐患单位	发现隐患时间	隐患单位	隐患地点	隐患内容

表9-9　隐患处理信息

处理要求	处理方法	要求完成时间	处理单位及人员	处理结果	经办人	复查人

F.事故追查分析登记。事故追查分析登记按表9-10和表9-11对事故信息进行添加、修改、删除等操作,便于安监处对事故信息进行电子化管理并为事故统计分析提供数据支持。事故追查分析登记界面设计页框对象包含两页:一页是"信息录入",另一页是"信息浏览"。包括信息录入、信息查询和记录查询三部分,用户可对信息进行添加、修改、删除、保存和打印等操作。

表9-10　事故基本信息

事故部门	发生时间	事故级别	事故性质	事故经过	事故原因	责任人

表9-11　事故追查分析信息

事故追查时间	事故分析会地点	追查会主持人	参加分析会人员	部门负责人	记录人	处理意见	预防事故重复发生措施

G.安全事故记录。安全事故案例库主要包括事故日期、具体时间、事故地点、事故级别、责任人、经济损失、事故原因、经过及事故处理措施进行记录,并为安全事故统计分析提供基础数据支持,相关部门管理人员可以通过事故日期和事故发生单位对事故进行查询统计。安全事故记录界面设计页对象包含两页:一页是"信息录入",另一页是"信息浏览"。包括信息录入、信息查询和记录查询三部分,用户可对信息进行添加、修改、删除、保存和打印等操作。

2)安全日常信息管理功能模块设计。安全日常信息管理子系统主要是对安全管理基础信息进行管理,以便于安全信息的电子化管理并为统计分析子系统提供数据支持。安全日常管理子系统功能及处理流程如图9-43所示。

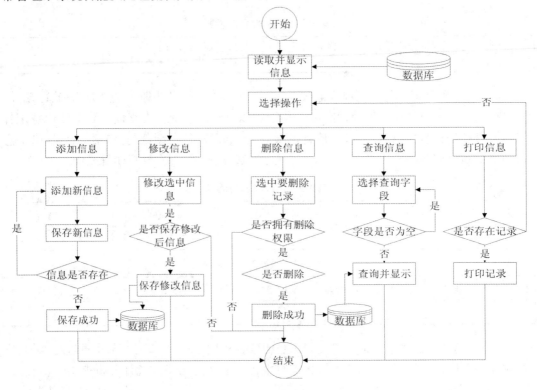

图9-43　安全日常信息维护模块功能及处理过程

(3)安全检查信息及安全评价子系统

安全检查信息及安全评价子系统通过建立明确的评价标准对相关业务属性进行科学的测定,以此作为评价的决策参考。该子系统功能模块具体包括安全检查信息录入及评价、评价指标体系建立、安全系统评价模型、安全系统评价分析。

1)安全检查信息录入及评价。安全检查的目的在于为安全评价提供数据支持,并为安全预警系统提供基础数据,帮助发现不安全因素存在的状况,以便采取防范措施,防止或减少伤亡事故的发生。安全检查信息的采集包括回收网点安全生产检查表、运输与配送安全生产检查表、仓储与库存安全生产检查表。

A.回收网点安全生产检查表。根据相关安全检查规范,回收网点安全生产检查表具体包括:回收网点各级领导责任制安全检查表、回收网点职工培训教育情况检查表、回收网点仓储安全检查表、危险品运输安全检查表、回收网点生产安全检查表、消防安全检查表、职工劳动安全检查表。根据检查记录,在系统相关表格中添加检查结果,完成每张表的填制,得出最终的检查结果,并为系统安全评价提供数据支持。

B.运输与配送安全生产检查表。根据相关安全检查规范,运输与配送安全生产检查表具体包括:运输与配送各级领导责任制安全检查表、运输与配送职工培训教育情况检查表、危险品运输安全检查表、运输车辆安全检查表、车辆检修安全检查表、车辆出库安全检查表、消防安全检查表、职工劳动安全检查表。根据检查记录,在系统相关表格中添加检查结果,完成每张表的填制,得出最终的检查结果,并为系统安全评价提供数据支持。

C. 仓储与库存安全生产检查表。根据相关安全检查规范,仓储与库存安全生产检查表具体包括:仓储与库存企业各级领导责任制安全检查表、员工培训教育情况检查表、危险品存储安全检查表、入库安全检查表、出库安全检查表、库存安全检查表、消防安全检查表、职工劳动安全检查表。根据检查记录,在系统相关表格中添加检查结果,完成每张表的填制,得出最终的检查结果,并为系统安全评价提供数据支持。

2)评价指标体系建立。

A. 评价指标体系建立的基本原则。针对铅资源循环利用信息服务平台安全管理与应急保障系统建立的评价指标体系,选取的评价指标必须要和评价的目标相一致,与分级指标相对应,能够反映评价目标;选取的指标应具有科学性和独立性,以避免评价结果因指标间的相互关系而产生倾向性,影响评价结果。

B. 评价指标的选取方法。为了选取安全管理与应急保障子系统的评价指标,通过采用主成分分析法、因子分析法、层次分析法等方法,需要将各指标的重要度进行排序,选取其中最重要的指标,采取多指标选取的方法给指标赋以权重,选取权重最大的指标作为主要指标,保证安全管理与应急保障子系统评价的正确性。

C. 评价指标的确定。针对铅资源循环利用信息服务平台安全管理与应急保障系统,通过比较安全管理与应急保障系统各指标的重要度,铅资源循环利用信息服务平台安全评价指标具体包括回收网点安全评价指标、运输与配送安全评价指标、仓储与库存安全评价指标,如图9-44所示。

1)安全系统评价模型。

A. 安全评价子系统功能设计。针对铅资源循环利用信息服务平台建设需求,建立铅资源回收网点管理安全评价、运输与配送安全评价、仓储与库存安全评价、信息服务平台安全评价功能模块,需要对系统进行评价。以基础信息数据为基础,采用模糊综合评判模型,确定安全评价子系统的功能结构。

B. 安全评价子系统流程设计。基于模糊综合评判模型,设计了铅资源循环利用信息服务平台安全评价子系统流程图,如图9-45所示。其中指标权重表、应急信息数据表、一级评价结果表和二级评价结果表等为系统中用到的数据库。

评判集是依据评价模型对安全评价子系统作出的各种可能评价结果的集合,通过自动打分系统,输出最终的评价结果。根据打分原则,将每一个因素评价指标分为3个档次:优、中和差,大于90分的为优;60分到90分的为中;小于60分的为差。

2)系统评价分析。

A. 系统功能完整性评价。评价应急系统功能完整性评价主要指铅资源循环利用信息服务平台的功能是否齐全,分类是否科学合理。通过采用系统的思想为指导,系统规划"铅足迹"循环链综合管理子平台和铅资源循环利用体系管控子平台的各个功能模块,使得各个功能模块互联互通,共同构筑铅资源循环利用信息服务平台。

B. 系统功能实用性评价。铅资源循环利用信息服务平台各个系统应该具有通用性、本地化机制,符合铅资源循环利用业务体系的实际情况,满足铅资源循环利用信息服务平台的

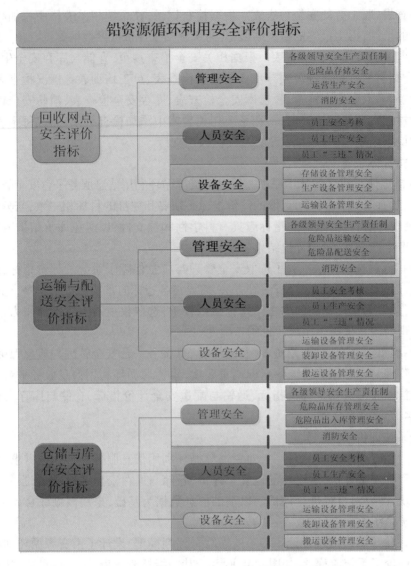

图 9-44　铅资源循环利用安全评价指标选取

安全管理与应急保障系统的需求,该系统在个性化功能订制、功能扩充、模式改革、深度开发等方面具有便捷强大的处理能力,保障系统的实用性。

C. 系统数据报表评价。系统数据报表评价主要是考查系统数据报表是否丰富,各个子系统及功能模块均应有相应环节的基础报表,并提供显示界面及数据导出等功能。

D. 系统并发性能评价。系统并发性能评价对安全管理与应急保障系统客户端应用程序的数据并发速度及门户端并发速度进行考查。重点考查客户端的系统及数据库并发存取操作速度以及门户端业务人员在线并发操作需求。

(4)安全预警子系统

安全预警子系统主要根据安全分析与评价的结果,依据预警指标体系、警源类型和警情分析模型的设立,以安全评价结果为已知序列,通过灰色预测模型对下一阶段安全状态进行预测,并对铅资源回收网点、仓储与库存、运输与配送等业务的安全状况进行分析,确定报警

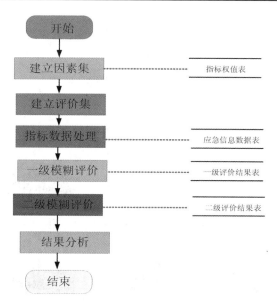

图 9-45 安全评价子系统流程图

类型和报警级别,并根据分析结果,对外发布警情。主要功能包括:预警准则及指标生成、警情预测模型建立、警情数据分析与级别判定、安全预警决策支持。

1)预警准则及指标生成。预警准则是指判别标准或原则,针对铅资源循环利用体系业务中出现的突发事件,应该诊断为何种警情。预警准则的设计采用指标预警,根据预警指标的数值大小的变动来确定不同的警情。指标预警中警戒值的确定,根据专家意见确定警戒区间。警戒值的界定带有一定的主观性,可以根据实际情况进行调整。

2)警情预测模型建立。根据安全预警子系统发展变化的实际数据和历史资料,运用科学的理论、方法和各种经验、判断、知识,去推测、估计、分析事物或现象在未来一定时期内的可能变化,以便找出系统发展变化的固有规律,从而推断系统的未来发展趋势。

3)警情数据分析与级别判定。针对铅资源循环利用体系业务过程中遇到的事故灾难、自然灾害、危险品泄漏、公共卫生事件、社会安全事件及群体性事件,依据突发事件的严重程度,将警情级别从高到低划分为Ⅰ、Ⅱ、Ⅲ三级警情,其中Ⅰ级是针对特大突发灾难事故(如火灾、人员伤亡、危险品泄漏等),对科技产业园区产生的危害是最为严重的,Ⅱ级是针对一般性重大的突发事件(如运输车辆出现事故、重大安全生产事故等),对铅资源循环利用体系业务产生的危害较为严重,Ⅲ级是针对较大性质的突发事件(如大面积停水停电、治安事件等),对铅资源循环利用体系业务产生的危害较大。

4)安全预警决策支持。辅助决策是依据对安全信息的评价结果产生的预警信息而得到的。安全预警决策支持子系统主要为吉天利循环经济科技产业园区突发事件进行预警及提供决策支持。安全预警决策支持的处理流程如图 9-46 所示。

(5)突发事件应急管理子系统

该系统可根据报警级别或临时报警,确定是否启动应急预案,通过决策支持辅助相关人员实施应急措施,并进行事故的情况评估,同时将成功实施的对策添加到决策支持库中。突发事件应急管理子系统主要包括应急预案分类管理、应急流程管理、应急预案自动生成及应

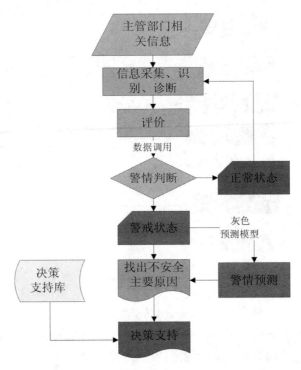

图 9-46 安全预警决策支持子系统的处理流程

急预案调用与实施。铅资源循环利用体系业务过程中一旦出现突发情况,业务管理人员结合相对应的应急预案,快速制定解决策略,提高应急响应能力。

1)应急预案分类管理。针对铅资源循环利用体系业务过程中不同的突发情况,设置不同的应急预案,提供应急预案的添加和删除、创建和存储、编辑和修改、浏览等功能。具体包括应急预案体系构成、类别信息、响应标准。

A. 应急预案体系信息。针对铅资源循环利用体系业务中可能发生的突发事件,制订综合应急方案、专项应急方案和现场处置方案,明确事前、事发、事中、事后的各个环节中相关部门和有关人员的职责。

B. 应急响应标准信息。应急预案响应标准的编制力求做到完整、明确,不留有空白区域。明确吉天利循环经济科技产业园区业务相关组织机构的职责和义务,以突发事件应急响应全过程为主线,明确事件发生、报警、响应、结束等环节的主管部门与协作部门。

C. 应急预案类别信息。针对吉天利循环经济科技产业园区发生的生产事故灾难、自然灾害、公共卫生事件等突发情况的严重程度影响范围、紧急任务的重要程度,应急预案类别可以分为 I、II、III 三级,其中 I 级是最为严重的,其次是 II 级、III 级。

2)应急流程管理。针对铅资源循环利用信息服务平台应急响应流程建设需求,应急流程管理子系统包括应急流程建模与生成、应急流程再造与优化、应急流程辅助决策功能。应急流程管理具体功能模块包括应急流程建模与生成、再造与优化及辅助决策。

A. 应急流程建模与生成。通过应急流程建模与生成,改进现有的应急流程,使应急流程更具有实用性,提高响应能力。应急流程建模与生成功能模块具体包括可视化应急流程建模、应急信息与资源匹配、应急流程自动生成。

B.应急流程再造与优化。针对吉天利循环经济科技产业园区业务的不断拓展,对现有的应急流程进行根本的再思考和再设计,利用先进的信息技术、管理手段,实现应急流程再造与优化,提高应急响应能力。

C.应急流程辅助决策。通过铅资源循环利用业务体系决策主题研究相关应急流程,实现对突发事件信息分析、处理,不断完善辅助决策系统,为业务管理人员提供建议和辅助决策。具体的功能模块有:辅助生成应急预案、启动应急预案、发布应急流程信息。

3)应急预案自动生成。应急预案根据已生成的预警信息,快速有效地制订多种应急方案,动态加载数据生成指挥体系和任务列表,对制订的方案进行动态演播。基于SOA架构,通过分析应急预案知识结构、分类存储知识数据、共享知识应用,自动制定出多套应急预案,为安全管理与应急保障系统的决策提供依据。

4)应急预案调用与实施。铅资源循环利用业务体系一旦发生突发事件,系统将根据警情级别,快速作出响应,并按照应急流程调用应急预案,结合应急预案的具体内容实施。具体功能为应急预案的启动、结束、总结。

A.应急预案的启动。在主系统界面下,点击应急预案实施下拉菜单,启动如下应急预案:铅资源循环利用体系防洪应急预案、铅资源循环利用体系火灾事故应急预案、铅资源循环利用体系停水停电应急预案、铅资源循环利用体系运输车辆事故应急预案、铅资源循环利用体系仓储保管事故应急预案、铅资源循环利用体系配送管理事故应急预案、铅资源循环利用体系治安应急预案、"铅足迹"循环链安全生产应急预案。针对铅资源循环利用体系发生的突发事件,发布应急预案启动命令,并执行相关应急预案内容。在应急预案页面中选择突发事件类别,并输入事件概况、紧急措施、宣布事项、发布人和发布日期,并打印输出。

B.应急预案的结束及总结。在事故处置完成后,对已启动的应急预案予以结束,发布铅资源循环利用体系应急预案结束命令。创建、存储、修改、删除突发事件的分析总结,浏览历史突发事件总结。

C.突发事件应急演练培训。对突发事件应急演练培训计划与安排进行管理,可创建、存储、修改、删除、浏览预案演练表。演练表中输入突发事件类别、演练时间、演练地点、主要部门、关系部门、演练主要内容以及组织要求等内容。

D.应急保障资源管理。应急保障资源管理主要包括回收网点应急保障资源管理、运输与配送应急保障资源管理、仓储与库存应急保障资源管理,系统对应急运输车辆、通信联络设备等应急资源进行统计、调度、维护管理,并提供应急保障资源添加和删除、创建和存储、编辑和修改、浏览相关信息等功能。

(6)统计分析子系统

统计分析子系统依据安全日常管理数据,提供不同形式的查询统计,自动生成各种统计报表及图表,形象地对安全工作数据进行统计,同时提供系统内部横向、纵向数据对比,供有关部门参考并为管理者制定政策及处理措施提供决策依据。

依据安全管理日常数据,该系统自动生成安全奖惩信息等报表;提供多种警情趋势统计分析,自动生成各种统计报表及图表供有关部门参考,为管理者制订政策及处理措施提供辅助决策。统计分析子系统具体包括4个功能模块:安全奖励台账、安全事故信息台账、历年事故趋势统计、历年警情趋势统计。

9.2.8　人力资源管理系统

9.2.8.1　需求分析

人力资源管理是企业或组织对其所拥有的人力资源进行开发和利用的管理。人力资源管理是实现铅资源循环利用运营管控的必要条件,为提高人力资源管理的效率,建立铅资源循环利用人力资源管理系统,同时达到降低人力资源管理成本的目的。

人力资源管理系统包括基础信息管理子系统、员工自助服务子系统、统计分析子系统以及人力资源管理的相关业务管理子系统共 8 个子系统,各个子系统具有相应的 3~8 个功能模块。各个系统的设置基于系统服务的人性化需求,针对铅资源循环利用运营管控的人力资源日常管理业务各个环节进行功能模块设计,为实现人力资源管理的信息化、科学化提供技术保证和数据支持。

9.2.8.2　业务流程及数据流程分析

(1)业务流程

人力资源管理系统的业务包括员工自助服务、业务管理、统计分析和基础信息管理 4 部分。具体业务流程如图 9-47 所示。

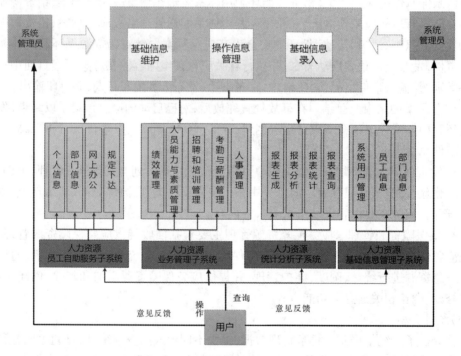

图 9-47　人力资源管理系统业务流程

(2)数据流程

系统管理员将人力资源的各种数据录入系统,系统通过分析处理生成最终用户所需数据,具体数据流程如图 9-48 所示。

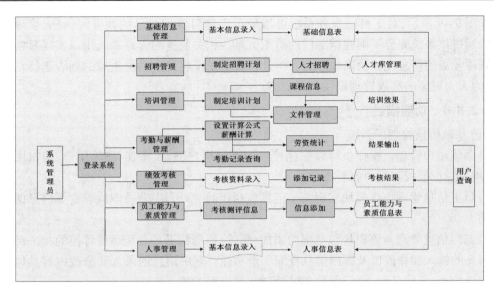

图 9-48 人力资源管理系统数据流程

9.2.8.3 系统总体结构

针对山西吉天利循环经济科技产业园区人力资源管理需求,将人力资源管理系统划分为基础信息管理子系统、员工自助服务子系统、统计分析子系统和人事管理相关业务管理子系统等8个系统。系统总体结构如图9-49所示。

图 9-49 人力资源管理系统总体结构图

如图9-49所示,员工自助服务系统可以使员工随时查询自己的薪资等信息,管理人员也可以通过该系统充分了解管辖部门的员工信息。相关业务的管理系统用以实现日常各种人事管理业务的信息化以及高效办公。统计分析子系统将各个系统生成的列表进行汇总并分析,为人力资源的高效管理提供数据支持。

9.2.8.4 功能描述

(1)基础信息管理子系统

1)系统用户管理。操作员可以在此模块中进行用户浏览、添加/删除用户、编辑用户信息、对用户进行授权和用户查看操作。

2)员工信息管理。该模块实现员工信息包括年龄、学历、专业及职位职责等信息的录入与查询。

3)部门信息管理。该模块包括部门添加/删除、铅资源循环利用运营管控的相关部门的部门信息的输入和修改以及部门信息查询3个功能。其中信息的录入和修改内容具体为企业组织架构表、部门名称、部门编号、部门职能、部门职工数。

(2)员工自助服务子系统

1)信息查询,员工可以通过自助服务查询本人的薪资待遇、保险等信息对于档案信息中的错误可以通过邮件向人力资源部门反映以修改。

2)网上办公,人力资源业务管理人员可以利用系统优化其工作方法减轻事物操作性方面的压力,可以发表年度工作计划、工资奖金分配计划等。

3)规定下达,上级领导可以利用系统及时获取所需组织或人员的信息,下达有关的管理规定及信息。

(3)人事管理子系统

人力资源管理部门通过该系统结合铅资源循环利用运营管控的发展需求进行组织机构的设定并对各组织机构进行定岗定编。此外该系统提供人事调动、档案管理的功能。

1)组织机构。用户通过模块对组织机构的类型进行设定,同时可以考察各单位间的关系、界限。

2)定岗定编。根据组织机构的需求设定相应岗位,并对各组织结构中的各个岗位进行考察和分析,配备相应人员并确定他们的职责、资格要求和权利。

3)人事调动。实现人员调动、任免的信息化管理,生成人事调动报表。

报表内容包括:入离职情况即入职总人数、离职总人数、离职率。流动情况,具体为部门、月初人数、新入职人数、内部调整和离职情况,其中离职情况分辞退、辞职、自离和离职率。

4)人事档案管理。一是对人事档案的接受转出实现管理;二是查询员工的档案信息。

(4)招聘与培训管理子系统

1)招聘管理。本系统可提高公司招聘效率,极大地降低了招聘成本。主要功能如下:①招聘渠道管理。对招聘渠道进行择优使用和合理搭配,选择高素质、高能力的员工。包括招聘渠道分类管理,按地区范围、专业程度、途径(现场、网络、平面)。招聘信息评估表:包括招聘渠道、录取率、招聘时长、人均招聘费用、覆盖地区、覆盖专业以及综合评论共七项。②简历管理。该模块实现各渠道简历自动收取、简历智能查看、简历筛选、特殊应聘者关注4

项功能。③面试管理。包括面试日程管理、面试安排一键发送、面试智能提醒以及自动整合面试评价功能。④在线测评。对应聘者的综合素质及面试表现进行综合测评。⑤人才库管理。记录符合公司业务发展需要的人才信息，可快速搜索所需人才，及时补充人才，为公司储备可用的高效绩人才。

2）培训管理。本系统根据山西吉天利铅资源循利用自身发展需求，结合员工个人发展规划对员工进行培训，该系统从培训计划管理以及课程信息等方面实现对培训工作的信息化管理，提高培训工作的效率：①员工培训计划管理，制订员工培训计划，包括培训项目、时间、地点和培训内容，同时也可进行培训计划的查询。②课程信息管理，包括课程基本信息、课程查询及课程需求分析。③查询管理功能，包括培训计划查询、课程信息查询及培训成绩信息查询功能。④文件管理，此功能包括备份数据库、还原数据库、用户注销、退出系统功能。

（5）考勤与薪酬管理子系统

①考勤管理。确立考勤制度，对员工的上下班进行自动考勤并记录考勤信息。②薪酬水平管理。确定员工的薪酬水平与竞争对手相比的薪酬水平，满足内部一致性和外部竞争性的需求。③薪酬结构管理。划分合理的薪酬等级，确定合理的级差。④薪酬结算。对员工的薪酬进行结算，包括基本薪酬、激励薪酬、绩效薪酬和福利与津贴并生成工资报表存入数据库以供查询。

（6）绩效管理子系统

基于山西吉天利铅资源循环利用人力资源管理的需求即实现对员工的工作结果、履行现任职务的能力以及担任更高一级职务的潜力进行客观的考核和评价过程建立绩效管理子系统，系统从业绩、工作态度、工作能力、工作态度以及工作潜力五个方面对员工进行考核并提供查询功能。

①业绩考评。系统对员工行为的结果进行评价和认定，从完成工作量的大小和质量、员工对下属的指导和教育以及员工在本职工作中的自我改进和提高进行考评。②能力考评。由于员工的能力是"内在的"，很难加以量化，因此系统通过对员工的业绩间接考察员工能力。③工作态度考评。工作态度的考评通过主观性评价即上级平时的观察给予评价，并将考评信息录入系统。④工作潜力考评。系统参照员工的能力考核结果、业绩考评的结果，结合在线测试等对员工进行工作潜力评价。⑤信息查询。用户通过该模块查询各部门及个人的年、月度目标以及绩效考核信息等。

（7）员工能力与素质管理子系统

通过该系统实现对现有员工素质能力的在线考核、员工素质与能力查询、员工能力规划、晋升规划等功能。

（8）统计分析子系统

统计分析子系统依据日常人力资源管理数据，自动生成统计报表，形象地对人力资源数据进行统计，支持不同形式的查询，为管理者制订政策及处理人事管理业务提供决策依据。

①招聘分析统计。该模块实现招聘信息评估表的查询和统计。②人力资源成本分析统计。该模块可实现人力资源成本报表的生成、查询和统计。③人事异动分析统计。该模块实现人事异动报表的统计，方便用户查询并作出分析。④在职人员分析统计。该模块实现

对在职人员分析报表的统计和查询,并进行一定的分析,包括年龄结构、受教育程度等。
⑤离职人员分析统计。该模块实现对离职人员报表的录入、查询。

9.2.9 客户管理系统

9.2.9.1 需求分析

基于山西吉天利铅资源循环利用信息服务平台建设对于客户管理的需求,针对铅资源循环利用体系尤其是园区涉及的客户,建立客户管理系统,实现对客户的分类管理,提高客户管理的效率。

本系统包括基础信息管理子系统、统计分析子系统、客户综合管理子系统以及针对不同类别的客户建立的子系统共计6个系统,每个系统包括相应的3~7个功能模块。系统通过对客户在各个阶段的价值进行综合的评估,针对不同价值的客户进行不同的管理活动,达到铅资源循环利用体系与客户之间实现信息共享和收益及风险共享的目的。

9.2.9.2 业务流程及数据流程分析

(1)业务流程

系统针对从铅回收、铅再生到铅酸蓄电池生产和销售过程中所涉及的主要客户及其相关业务等信息进行收集,同时结合客户反馈的信息进行客户分析及信用评价,并将各种信息进行统计并存储到数据库中。具体的业务流程如图9-50所示。

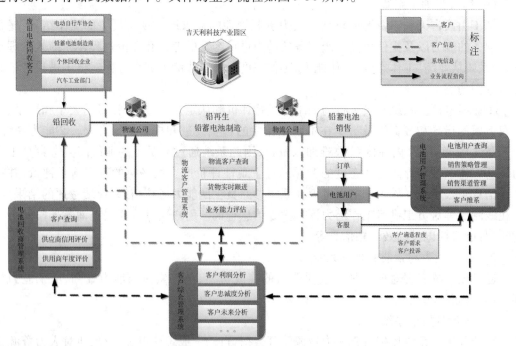

图 9-50　客户管理系统业务流程

(2)数据流程

通过建立客户管理系统数据库将废电池回收商、物流客户、电池用户管理和客户综合管理信息等各种信息进行收集录入,并通过加工处理形成最终数据,具体数据流程如图9-51所示。

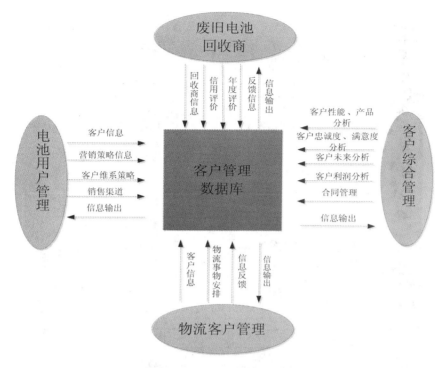

图 9-51　客户管理系统数据流程

9.2.9.3　系统总体结构

　　根据铅资源循环利用运营管控的需求,结合废电池回收商、物流客户、电池用户三类客户提供的服务需求,建立客户管理系统,对不同的客户进行管理从而提高客户管理的效率。本系统包括基础信息管理、废电池回收商管理、物流客户管理、电池用户管理、客户综合管理和统计分析6个子系统,系统总体结构设计如图9-52所示。

　　如图9-52所示,客户管理系统结合系统用户以及铅资源循环利用运营管控的相关客户的使用和管理需求进行设计。基础信息管理子系统主要针对系统用户和客户的信息进行管理,同时为系统的正常运转提供支持。针对电池回收商、物流客户以及电池用户建立的管理子系统主要实现对三类客户的信息查询并结合各类用户的管理需求设计相应的功能模块。客户综合管理子系统实现客户的多角度分析并生成相应报表进入统计分析子系统,从而为管理人员制订决策提供数据支持。

9.2.9.4　功能描述

　　(1)基本信息管理

　　1)系统用户管理。操作员可以在此模块中进行用户添加、编辑用户信息、对不同用户进行权限设定以及用户删除四项操作。

　　2)客户信息管理。通过该模块用户可方便查询客户信息,操作员可以进行新建客户、客户信息编辑、客户权限设置以及删除客户操作。其中客户信息编辑包括客户编号、客户类别、客户姓名、单位名称、单位地址、联系电话、E－mail、证件类型、备注。

　　3)系统维护。包括系统数据维护、代码维护和应用程序的维护。

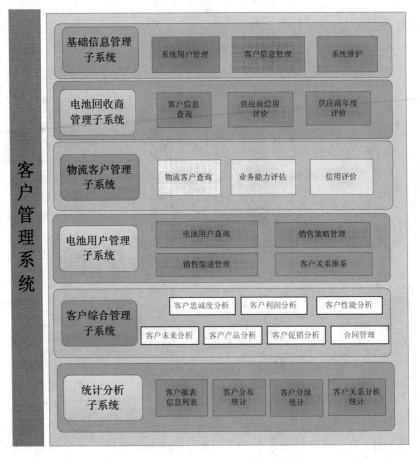

图 9-52　客户管理系统总体结构图

（2）废电池回收商管理

通过信息化手段建立数据化的、动态化的供应商管理体系，实现对电池回收商主要是电动自行车维修店、汽车维修店、铅酸蓄电池生产企业、个体回收商、电动自行车行业、通信行业，以及汽车行业管理部门等的基本信息、废电池质量的管理。采用合理科学的手段对电池回收商的信用进行月、年度评估，形成评估报表。

（3）物流客户管理

1）物流客户查询。用户通过该功能可随时查询负责废电池、成品电池的运输与配送业务的物流公司。

2）业务能力评估。该功能可以对物流公司经营状况、资产、设施设备、管理及服务、人员素质5项指标进行统计与分析，实现对负责运输和配送的物流公司的综合评价形成报表，为物流客户的选择提供依据。

3）信用评价。对物流公司的信用进行评价，形成评估报表存入数据库供统计分析子系统查询。信用评价包括行业地位、业务合作时间、信用履约评价即合同履行状况三个方面。

（4）电池用户管理

公司通过对铅酸蓄电池用户市场的相关信息的收集与整理，掌握铅酸蓄电池的需求状况，结合客户需求对客户市场进行管理。本系统可实现客户信息的查询、营销策略管理、电池销售渠道管理和客户维系等功能。

1）客户信息查询。通过该系统可以随时查询铅酸蓄电池的销售客户以及其相关信息包括联系人姓名、单位地址、购买电池的种类以及数量等信息。

2）销售策略管理。企业针对铅酸蓄电池市场环境变化，结合客户需求，制订销售策略。

3）电池销售渠道管理。通过渠道成员选择、激励渠道、评估渠道、修改渠道决策和退出渠道4个方面对电池销售进行管理。

4）客户维系。结合客户忠诚度分析以及客户满意程度，采用一定的方法进行评估生成客户关系表，进而制订相应的销售策略为电池销售提供支持。

（5）客户综合管理

1）客户忠诚度分析。本模块分析客户的忠实程度、持久性、变动情况并生成报表存入数据库。

2）客户利润分析。分析不同客户购买电池的边缘利润、总利润额、净利润并生成报表存入数据库。

3）客户性能分析。分析不同客户按电池种类、渠道、销售地点等指标划分的销售额，生成图表存入数据库。

4）客户未来分析。包括客户数量、类别等情况的未来发展趋势、争取客户的手段。

5）客户产品分析。根据客户需求进行设计，满足部分特殊用户的需求。

6）客户促销分析。本模块实现对广告、宣传等促销活动的管理。

7）客户合同管理。该模块实现合同的起草、合同审批、文本管理、履约监督、结算安排、智能提醒合同收付款、项目管理、合同结款情况统计分析、报表输出。报表输出是系统从不同角度对数据进行统计分析，辅助经营决策，自定义统计条件，并将统计结果输出。

（6）统计分析

1）客户报表信息列表。对来自各子系统的报表进行汇总，通过该模块用户可方便的查询所需报表信息。

2）客户分布统计。系统自动对客户资料进行整理，生成客户地域分布表。对于客户集中的地域进行重点管理，对回收网点的规划、销售策略调整提供数据支持。

3）客户等级分析。用户选择条件限制，系统按照条件限制对客户进行等级分析并生成客户等级表。条件限制包括销售额、信用以及综合评定等。客户等级表包括客户等级、客户名称、客户所在地、合作时间4项内容。

4）客户关系管理。通过该模块用户可方便查询用户关系报表，同时系统可以根据条件限制对客户进行智能筛选，方便用户对客户进行高效管理。

9.2.10　铅资源循环利用信息服务平台决策支持系统

9.2.10.1　需求分析

针对"铅足迹"循环链综合管理及铅资源循环利用运营管控业务流程，基于业务流程管理（BPM）模式，应用数据挖掘与商务智能等技术，设计决策支持系统，通过各应用系统的集成与整合，对铅开采、铅生产、铅销售、铅应用、铅回收、铅再生的相关业务数据进行统计与分析，并提高业务管理的透明化水平，辅助相关人员制订决策。

决策支持系统需要包括统计分析子系统、预测分析子系统、运营分析子系统以及商务智能子系统,通过对业务的数字化与可视化分析,为管理人员提供报表展示、业务评估以及辅助决策等服务,确保各项业务顺利开展。

9.2.10.2 业务流程与数据流程分析

决策支持系统从数据库中对对相关业务数据进行提取与转换,并结合现代管理理论与优化技术,通过对数据进行统计与分析,实现对业务报表的展示、业务现状的分析、业务运营质量的评估以及业务发展趋势的预测,从而为管理人员提供决策支持。系统的业务流程和数据流程分别如图9-53和图9-54所示。

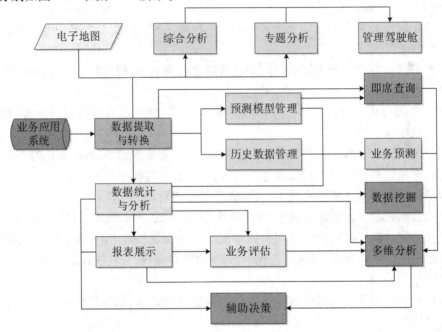

图 9-53　决策支持系统业务流程图

9.2.10.3 系统总体结构

基于相关业务需求,根据业务流程管理(BPM)模式,构建开放式、轻量级的决策支持系统,通过组件重用、业务逻辑重用、基于模板的代码生成等技术,为业务统计分析、预测分析、运营分析提供丰富的数据交互、报表展示与流程管理等技术支持。

(1)子系统结构设计

结合数据挖掘和ETL等技术,提取、汇集、整合、共享各业务系统的数据,设计统计分析子系统、预测分析子系统、运营分析子系统和商务智能子系统。总体结构如图9-55所示。

针对铅开采、铅生产、铅销售、铅应用、铅回收、铅再生等相关业务数据进行统计、分析、预测的业务需求,构建以回收网络为核心,为仓储与库存、运输与配送、回收费用与结算管理、电子商务与展示等业务提供数据支持的决策支持系统,提高业务信息的集成化管理程度。

(2)系统技术构成

决策支持系统采用基于BPM的多层结构,对"铅足迹"循环链综合管理业务与铅资源循

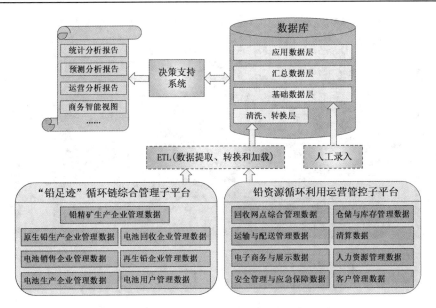

图 9-54　决策支持系统数据流程图

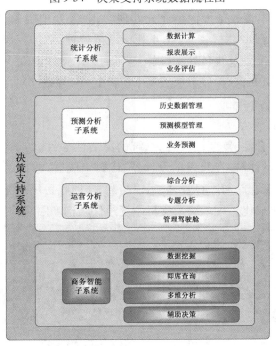

图 9-55　决策支持系统总体结构图

环利用运营管控业务的海量数据进行汇集、过滤、计算与展示,从而对相关业务进行统计分析、评估分析与预测分析,将业务数据转化为具有商业价值的信息,达到为相关人员提供决策支持的目的。基于 BPM 的决策支持系统技术构成如图 9-56 所示。

　　基于 BPM 的决策支持系统技术构成分为数据库文件系统、数据访问层、业务处理层、数据控制层、视图层和数据展示层。数据库文件系统主要由数据库系统和文档系统组成,为信息服务平台提供数据源;数据访问层通过 JDBC 和 DTO 等方式对数据库文件系统的数据进

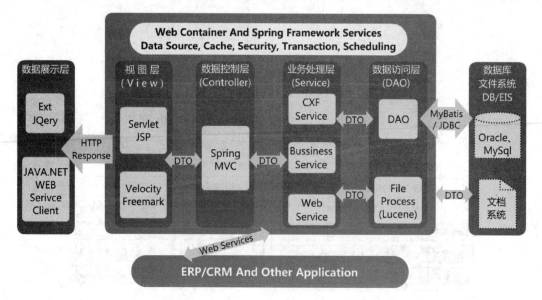

图 9-56　基于 BPM 的决策支持系统技术构成

行交互,并通过 DTO 技术将数据传输至业务处理层;业务处理层通过 CXF Service、Business Service 和 Web Service 等技术对系统的业务逻辑进行处理;数据控制层通过 Spring MVC 技术负责系统的页面数据准备及跳转处理;视图层通过 Servlet JSP 及 Velocity Freemark 技术制作动态网页、生成模板引擎;数据展示层运用 Ext 和 JQery 等技术对数据进行展示;通过 Web Service 技术,实现各信息系统的互联互通。

(3)系统组件结构

针对降低系统的耦合性、复杂性,提高系统的灵活性等目标,基于组件技术构建决策支持系统,通过在线流程设计器、在线表单设计器、代码生成器、数据库与基础平台的交互,实现对回收网点综合管理、仓储与库存管理、运输与配送、回收费用与结算管理、电子商务与展示等相关业务数据的集成化管理。决策支持系统组件结构如图 9-57 所示。

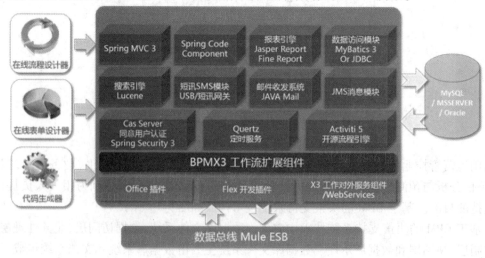

图 9-57　决策支持系统组件结构图

在线流程设计器、在线表单设计器与代码生成器为决策支持系统提供了快速、灵活、开放的管理手段。Spring MVC 3、Spring Code Componet、Activiti 5 为代码生成器为构建 Web 应用程序提供技术支持;Jasper Report 和 Fine Report 是决策支持系统的报表生成工具;MyBatics 和 JDBC 是访问数据库的基础手段,实现决策支持系统与数据库的信息交互;Lecene、短讯网关、JAVA Mail、JMS 消息模块、Quertz 分别提供搜索引擎、短信收发、邮件管理、中间件管理、任务管理等功能;Spring Security 3 和 Cas Server 为决策支持系统的安全性提供了保障。

此外,针对增强决策支持业务的高效性、稳定性等目的,决策支持系统对第三方控件进行集成,集成方案如图 9-58 所示。

图 9-58　第三方控件集成方案

通过集成的 Office 控件、iLog 在线流程设计器、手机短信集成控件、报表控件和企业搜索引擎控件,满足了报表展示与商务智能的个性化需求,并提升了相关业务的协同性,进而推动了统计分析、预测分析、运营分析和商务智能等业务的运营水平。

9.2.10.4　功能描述

基于决策支持的业务需求分析,结合决策支持业务流程与数据流程,根据系统总体结构,分别设计统计分析子系统、预测分析子系统、运营分析子系统和商务智能子系统的功能。

(1)统计分析子系统

基于掌握铅开采、铅生产、铅销售、铅应用、铅回收、铅再生等铅资源循环利用业务运营质量的需求,通过整合相关业务信息资源,构建数据统计与分析子系统,具体功能包括数据计算、报表展示、业务评估。

1)数据计算。对铅资源循环利用体系涉及的各类原始业务数据进行采集、提取、转换、汇集、统计与分析,并对计算结果进行管理,进而为构建全程数据控制机制,以及后续业务的顺利开展提供数据基础。系统界面如图 9-59 所示。

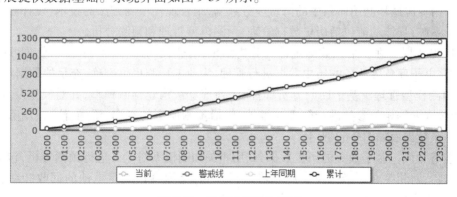

图 9-59　数据计算系统界面

2)报表展示。基于相关业务数据,结合多数据源关联查询、公式动态扩展计算等功能,通过 FineReport 及 Jasper Report 两种报表引擎,以数字化、图形化相结合的方式自动生成 HTML、PDF、EXCEL、Word、TXT、Flash 等多种样式的日常统计分析报表及专题统计分析报表,并及时展现给管理部门与相关企业。其中 FineReport 报表技术构成如图 9-60 所示。

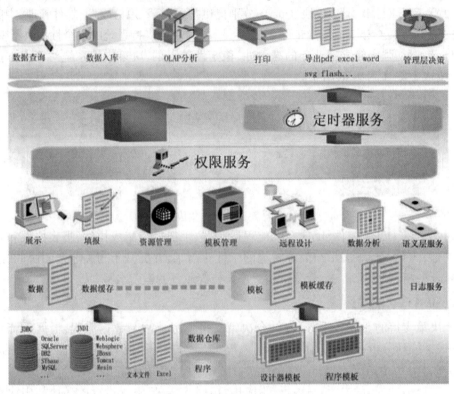

图 9-60　FineReport 报表技术构成

3)业务评估。建立基于关键绩效指标(KPI)的业务评估模型,依据铅生产、铅销售、铅应用、铅回收、铅再生等业务的调整及时优化。结合数据计算结果及相关报表,对相关业务的运营质量进行智能化评估。"铅足迹"循环链 KPI 考核图如图 9-61 所示。

(2)预测分析子系统

基于铅资源循环利用体系中的海量业务数据,结合现代预测方法与技术,设计并构建业务预测子系统,具体功能包括历史数据管理、预测模型管理和预测分析。

1)历史数据管理。结合数据统计与分析结果,对仓储与库存、运输与配送、回收费用与结算管理、电子商务等业务的历史数据进行管理,为业务预测提供准确、充足的数据基础。

2)预测模型管理。基于回归分析、时间序列等算法构建预测模型,并对模型及其指标、时间、影响因素等相关参数进行管理与维护,包括预测模型的查询、添加、修改、删除。预测模型管理系统界面如图 9-62 所示。

3)业务预测。基于业务的历史数据,调用相关预测模型对业务进行预测分析,包括定性与定量分析,对相关业务指标及发展趋势进行预测,全国废铅酸蓄电池的回收和综合利用率、铅循环再生比重等指标,并对预测分析结果进行管理。

图 9-61　"铅足迹"循环链 KPI 考核系统界面

图 9-62　预测模型管理系统界面

（3）运营分析子系统

基于仓储与库存、运输与配送、回收费用与结算管理、电子商务与展示等业务信息，结合
GIS 等技术，设计并构建运营分析子系统，具体功能包括管理驾驶舱、综合分析以及专题分
析。其中企业基本信息分析系统界面与铅精矿流量流向分析系统界面分别如图 9-63 和图
9-64 所示。

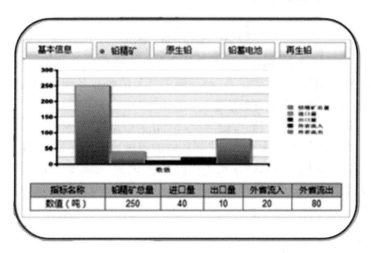

图 9-64　铅精矿流量流向分析系统界面

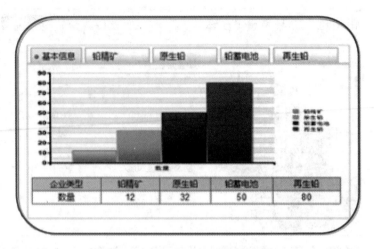

图 9-63　企业基本信息分析系统界面

1）综合分析。将"铅足迹"循环链各项指标作为一个整体，系统、全面、综合地对"铅足迹"循环链的宏观发展状况和运营情况进行分析、解释和评价，既包括铅生产、铅销售等正向流动信息，又包括铅回收等逆向流动信息。综合分析示意如图 9-65 所示。

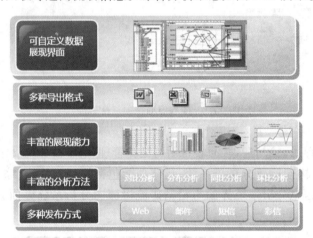

图 9-65　综合分析示意图

2）专题分析。对"铅足迹"循环链中的某项业务节点进行全面分析与挖掘，为管理人员提供更加微观的业务信息，包括"铅足迹"循环链中涉及的企业名称、地址、联系人等企业基本信息，以及产量、营业额等企业商务信息。

3）管理驾驶舱。基于综合分析、专题分析以及相关数据统计分析结果，在系统首页面的位置以"驾驶舱"的形式直观展现"铅足迹"循环链的各种运营情况，并对异常指标进行预警和挖掘分析，为管理者提供"一站式"决策支持信息服务，使"铅足迹"循环链的铅开采、铅生产、铅销售、铅应用、铅回收、铅再生等发展状况数据被及时、快速地展示。管理驾驶舱系统界面如图 9-66 所示。

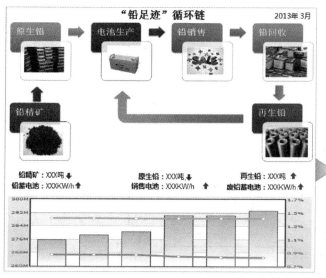
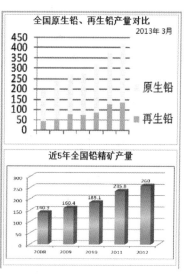
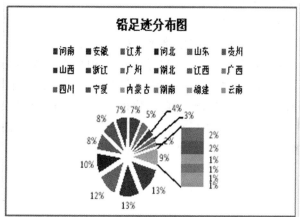
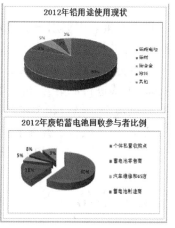
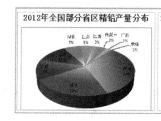
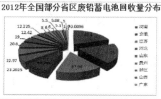
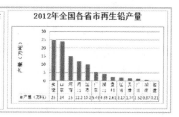

图 9-66　管理驾驶舱系统界面

（4）商务智能子系统

基于铅资源循环利用体系的核心业务数据、辅助业务数据与增值业务数据，结合现代数据分析方法与技术，设计商务智能子系统，具体功能包括数据挖掘、即席查询、多维分析以及辅助决策。

1）数据挖掘。通过相关算法及工具，从仓储与库存、运输与配送、回收费用与结算管理、电子商务等业务系统中提取隐含的、未知的以及潜在的信息或数据模式，将海量业务数据转化为具有应用价值的商业信息，为相关业务提供智能化决策支持。数据挖掘原理如图 9-67

所示。

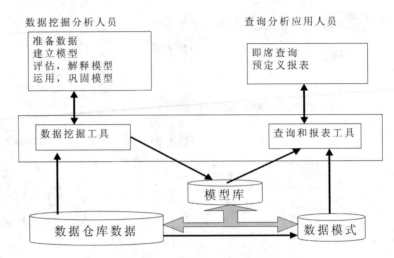

图 9-67　数据挖掘原理示意图

2）即席查询。根据用户的自定义指令,实时查询 KPI 管理等业务的模型信息、参数信息、指标信息以及考核结果等信息,为相关人员提供快速、准确的决策支持。

3）多维分析。将商务智能视图、感知信息视图、智能决策结果及用户查询模型等以多维、立体的形式进行汇集、分析与展示,增强业务数据的可读性,提供全面、精准的信息支持。

4）辅助决策。结合相关统计、分析与查询结果,通过自动化指标与报表信息管理,对业务运营质量、业务风险及管理水平进行全面与细致的分析,生成智能化决策数据,从而为政府监管与企业经营管理等相关人员提供全方位、多层次的辅助决策。

9.3　本章小结

本章基于铅生产、铅销售、铅应用、铅回收与铅再生的业务体系与业务流程,结合铅资源循环利用体系建设业务现状和面临的问题,设计了"铅足迹"循环链综合管理平台和铅资源循环利用运营管控平台两个子平台的应用系统。通过对铅精矿生产企业、原生铅生产企业、电池生产企业、电池销售企业、电池回收企业以及再生铅企业等涉铅企业和电池用户的需求、关键业务信息以及业务处理流程的分析,设计了相关的管理系统,为"铅足迹"循环链综合管理的各项业务提供了技术支持与保障。同时,针对铅资源循环利用体系的业务需求,结合业务流程与相关信息技术,构建回收网点综合管理、仓储与库存管理、运输与配送管理、回收费用与结算管理以及电子商务与展示等业务应用系统,为"铅足迹"循环链利用运营管控业务提供了技术支持与保障。

参考文献

[1]卢圣晶.企业库存管理系统[J].科技广场,2007(11).

[2]张桂强.现代物流仓储管理系统的研究与设计[M].杭州:浙江大学出版社,2006.

［3］危险废物转移联单管理办法［S］.国家环保总局,1999(6).

［4］李兆云.不确定环境下废旧电子产品逆向物流网络优化模型研究［D］.北京交通大学,2013.

［5］陈佳娟,王云鹏,纪寿文,等.运输管理信息系统中车辆配载研究［J］.公路交通科技,2004,21(12):136-140.DOI:10.3969/j.issn.1002-0268.2004.12.036.

［6］杨天军,杨晓光.运输管理信息系统的研究与设计［J］.交通运输系统工程与信息,2004,4(1):102-103,121.DOI:10.3969/j.issn.1009-6744.2004.01.022

［7］王涛,陈玉莲.运输管理信息系统的研究与设计［J］.物流科技,2007,30(5):74-75.DOI:10.3969/j.issn.1002-3100.2007.05.024.

［8］李甫民.配送中心管理信息系统业务流程分析研究［J］.物流技术,2002(2):18－20.DOI:10.3969/j.issn.1005-152X.2002.02.009.

［9］胡国超,熊远远,杨武年,等.基于 GIS 的物流管理信息系统的设计与实现——以广州市 MG 物流管理信息系统为例［J］.测绘科学,2009,34(2):224-225,153.DOI:10.3771/j.issn.1009-2307.2009.02.077.

［10］徐丹,王铁宁.RFID 在物流配送中心中的应用［J］.物流科技,2005,28(9):36-38.DOI:10.3969/j.issn.1002-3100.2005.09.012.

第 10 章　平台软硬件配置

10.1　硬件配置

通过为"铅足迹"循环链综合管理子平台和铅资源循环利用运营管控子平台配置所需的硬件设备,实现对铅开采、铅生产、铅销售、铅应用、铅回收、铅再生业务的技术及硬件环境支撑,推动铅资源循环利用体系的核心业务、辅助业务与增值业务协同运营,从而提高业务的运营质量与管理水平。

10.1.1　硬件布局分析

基于应用系统功能与信息服务平台结构,运用系统集成等技术进行硬件布局,包括操作终端、大屏幕综合显示系统、各种服务器及电源等设备,硬件布局示意如图 10-1 所示。

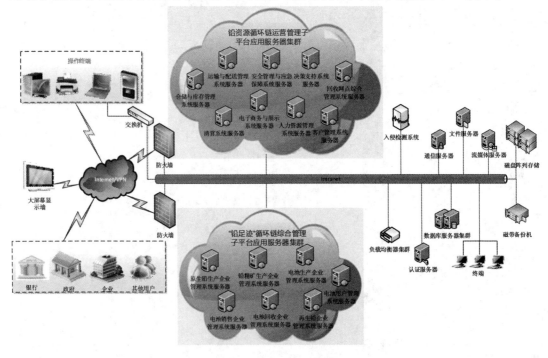

图 10-1　硬件布局示意图

　　结合 Internet 与 VPN 等技术,银行、政府、相关企业以及其他用户可以通过 PC 机、传真机、笔记本电脑与智能手机等设备实现业务信息交互与共享。所有应用系统可以与大屏幕显示设备互联互通,及时将铅资源循环利用业务的相关信息进行展示。

　　结合云计算技术,搭建由仓储与库存管理、运输与配送管理等服务器组成的铅资源循环利用运营管控子平台应用服务器集群,以及由原生铅生产企业管理系统、铅精矿生产企业管理系统等服务器组成的“铅足迹”循环链综合管理子平台应用服务器集群,通过 Intranet 与认证服务器、通信服务器、文件服务器、数据库服务器集群、流媒体服务器和 PC 终端互联互通。负载均衡器集群、入侵检测系统与防火墙为信息服务平台的安全性与可靠性提供保障,授权用户通过 VPN 技术可以对 Intranet 的信息资源进行访问。

10.1.2　硬件配置说明

　　基于信息服务平台的硬件布局,结合相关业务的硬件配置需求,对铅资源循环利用信息服务平台的硬件配置方案进行估测,如表 10-1 所示。

表 10-1　硬件配置方案

序号	硬件类别	数量	功能说明
1	PC 终端	170	处理业务信息,实现用户交互
2	大屏幕综合显示系统显示单元	20	通过液晶拼接幕墙系统组成的大屏幕,发布相关业务信息
3	大屏幕综合显示系统处理器	1	
4	大屏幕综合显示系统综控设备	1	
5	应用服务器	17	为应用系统提供运行环境,为组件提供服务
6	数据库服务器	7	提供数据的查询、存储、更新、事务管理、索引、高速缓存以及存取控制等服务
7	文件服务器	1	为文件与目录的访问提供并发控制和安全保密措施
8	通信服务器	1	提供远程访问服务及网关、桥接、路由等功能
9	认证服务器	1	对用户身份进行认证,对网络资源进行高强度保护
10	流媒体服务器	1	以流式协议,为客户端提供音频、视频等多媒体文件
11	UPS 电源	5	为计算机系统提供不间断的电力供应,当供电中断时,UPS 通过内置的电池向负载供电,保护负载硬件不收损坏

　　各硬件类别的具体数量需在实施过程中依据实际情况确定,各硬件的配置数量依据如下:

　　(1)铅资源循环利用信息服务平台包含 16 个业务应用系统,为仓储与库存管理系统、运输与配送管理系统分别配置 15 台 PC 终端,其他 14 个应用系统分别配置 10 台 PC 终端,数量共计 170 台。

（2）大屏幕综合显示系统由液晶拼接墙、处理器及综控设备组成。液晶拼接墙采用 55 英寸 LED 光源技术显示屏,由宽度和高度分别由 5 块和 4 块显示单元拼接而成,其中大屏幕的单屏面积约为 $1.215m \times 0.686m = 0.833m^2$,整屏面积约为 $0.833m^2 \times 5 \times 4 = 16.66m^2$ 。

（3）针对系统的可靠性与数据管理的集成性等需求,为 16 个应用系统配置 17 台应用服务器和 7 台数据库服务器,其中 4 台数据库服务器用于管理"铅足迹"循环链综合管理子平台的数据,3 台数据库服务器用于管理铅资源循环利用运营管控子平台的数据。此外,配置文件服务器、通信服务器、认证服务器、流媒体服务器各 1 台,为相关业务提供硬件支持。

（4）铅资源循环利用信息服务平台包含 28 台服务器与 170 台 PC 终端,服务器和 PC 终端的功率分别为 500W 和 220W,UPS 的功率约为 210W。因此,总功率约为 $500W \times 28 + 220W \times 170 + 210W = 51.61kW$ 。针对系统的可靠性,结合虚拟化等云计算技术对服务器产生的集成整合效应,为信息服务平台配置 7 台额定功率为 10kVA,输出功因为 0.8 的 UPS 电源,为服务器等硬件设备提供约 $10 \times 0.8 \times 7 = 56kW$ 的电力供应,保障相关硬件设备正常工作。

10.2　软件配置

根据铅资源循环利用体系的核心业务、辅助业务及增值业务的相关需求,结合信息服务平台结构及应用系统功能,需要相关应用软件和系统软件,对软件配置方案进行估测,如表 10-2 所示。

表 10-2　软件配置方案

序号	软件类别	数量	功能说明
1	数据库系统	7	对数据进行分类、组织、编码、存储、检索、加工和传播
2	信息安全软件	28	消除电脑病毒、特洛伊木马和恶意软件等计算机威胁
3	电子地图	2	利用计算机技术,以数字方式存储和查阅的地图
4	Mapinfo	1	提供数据可视化、信息地图化的桌面解决方案
5	MapXtreme	1	是 MapInfo 的主要 Windows 软件开发工具包,可以创建位置增强型桌面和客户机/服务器应用程序

软件的类别及数量需在实施过程中依据实际情况确定,各软件的作用及配置数量分析如下:

（1）本项目共部署 28 台服务器,需要确保每台服务器运行安全、可靠,因此需要 28 套信息安全软件。

（2）针对海量业务数据管理的需求,本项目需要部署 7 套数据库系统,分别部署在 7 台数据库服务器上,实现对铅资源循环利用业务数据的集成化、规范化管理。

（3）基于对"铅足迹"循环链全过程管理的需求,本项目需要定制山西省电子地图以及全国电子地图,合计 2 份,并通过 Mapinfo 和 MapXtreme 软件进行二次开发。

10.3 应用系统开发

铅资源循环利用信息服务平台包括国家级"铅足迹"循环链综合管理平台和铅资源循环链运营管控平台。依据相关业务体系与业务需求,本项目需要对业务应用系统进行开发,2个平台的应用系统如表10-3所示。

表 10-3 应用系统开发一览表

平台类别	序号	系统名称
"铅足迹"循环链综合管理子平台	1	铅精矿生产企业管理系统
	2	原生铅生产企业管理系统
	3	电池生产企业管理系统
	4	电池销售企业管理系统
	5	电池回收企业管理系统
	6	再生铅企业管理系统
	7	电池用户管理系统
铅资源循环利用运营管控子平台	8	回收网点综合管理系统
	9	仓储与库存管理系统
	10	运输与配送管理系统
	11	回收费用与结算管理系统
	12	电子商务与展示系统
	13	安全管理与应急保障系统
	14	客户管理系统
	15	人力资源管理系统
	16	决策支持系统

10.4 本章小结

本章根据设计的"铅足迹"循环链综合管理子平台和铅资源循环利用运营管控子平台的需求及功能,对平台所需的软硬件进行了配置。应用系统集成等技术对配置的软硬件进行了布局分析,并给出了相应的软硬件配置说明。依据铅资源循环利用信息服务平台相关业务体系,给出了业务应用系统开发一览表,实现了对"铅足迹"循环链的各业务的技术及硬件环境支撑,对铅资源循环利用体系的核心业务、辅助业务与增值业务的协同运营起到了推动作用。

第 11 章 信息服务平台项目实施与管理

11.1 项目实施概述

铅资源循环利用信息服务平台的规划与设计是一项复杂的系统工程,必须按照项目管理的方法来建设。整个项目的实施分为项目准备、项目实施、项目验收、售后服务和技术支持 5 个阶段,针对铅资源循环利用信息服务平台相关应用软件的系统开发,必须完成下述过程:用户需求项目的开发前调研;需求分析;系统设计;详细设计;编码;调试;系统集成及试运行;测试与验收;交付及合同期内的维护。开发实施的主要过程和工作内容如图 11-1 所示。

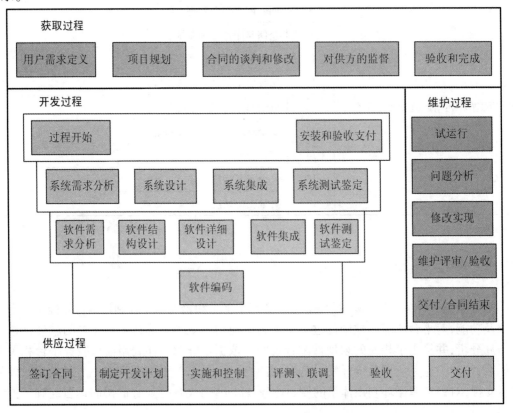

图 11-1 开发实施的主要过程和工作内容

11.2　项目管理方法

11.2.1　项目管理综述

项目管理是以项目为对象的系统管理方法,通过一个临时性的专门的柔性组织,对项目进行高效率的计划、组织、指导和控制,以实现项目全过程的动态管理和项目目标的综合协调和优化。

整个项目的实施分为项目策划、项目实施、项目验收、售后服务和技术支持5个阶段。项目管理涉及5个过程(启动、计划、执行、监控、交付)以及9个知识领域(综合管理、范围管理、时间管理、成本管理、质量管理、人力资源管理、沟通管理、风险管理、采购管理)。在一般情况下,项目管理包括下面几个主要方面:①项目范围管理;②项目组织结构管理;③项目进度管理;④项目质量管理;⑤项目变更管理;⑥项目风险管理;⑦项目资源管理;⑧项目应急管理;⑨项目服务管理。

11.2.2　项目管理流程及框架

无论是基于软件为基础的系统集成,还是单纯的软件开发,都可以视为是"咨询顾问＋系统实施＋运营管理"三位一体的结合,如图11-2所示。从前期的顾问咨询,到系统的全面实施、用户培训,再加上后期的运营管理构成了完整的系统集成服务体系。

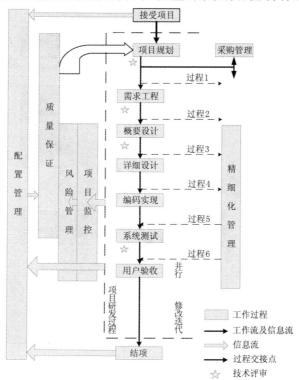

图11-2　项目管理流程图

11.3　项目阶段管理

根据本项目是一个以软件开发为主的系统集成项目,将本项目分为 9 个阶段如图 11-3 所示:通过对各阶段输入、输出成果的评审及管理对该项目实行全面的管理。

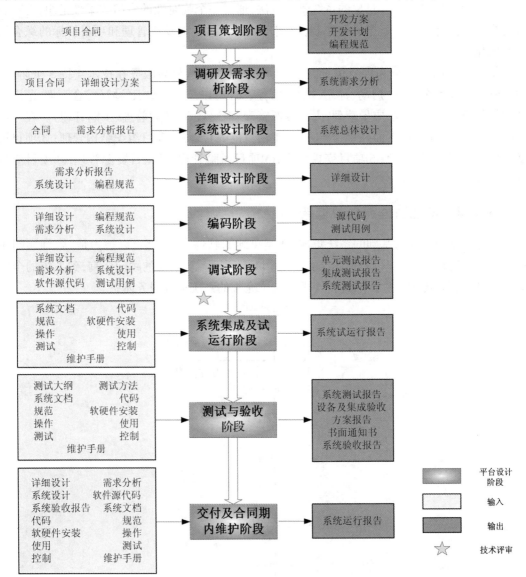

图 11-3　项目阶段管理

11.3.1　项目策划阶段

项目策划阶段是所有阶段中最重要的部分,能够建立一个提高数据交换效率、减少传输环节、实现实时信息传递准确的计划是项目成功的保证。

阶段输入:项目合同阶段输出:开发方案、开发计划、编程规范。

关键控制点:针对铅资源循环利用信息服务平台相关软件的系统开发,必须按"用户需求项目的开发前调研、需求分析、系统设计、详细设计、编码、调试、系统集成及试运行、测试与验收、交付及合同期内的维护"各个过程来拟定开发方案并进而拟定开发计划,提出适用的编程规范。由于大量的任务需要业主方的配合,为各阶段确立不同层次的沟通方式成为开发计划的关键。

11.3.2　用户需求项目的开发前调研及需求分析阶段管理

当方案确定后,依据项目实施计划进行用户需求项目的开发前调研,并对用户需求进行详细分析,并出具相关分析报告。

阶段输入:项目合同,详细设计方案。

阶段输出:系统需求分析。

关键控制点:①用户需求项目的开发前调研和需求的调查要求全面,涉及所有相关部门,调查内容覆盖面广;②每个单位的调研结果需要确认;③系统需求要经过评审,形成基线;④依照软件开发方法进行需求调研,出具需求分析报告。

11.3.3　系统设计阶段管理

系统设计是涉及人员最多的阶段,既涉及界面级的设计,同时涉及流程等业务设计,还包括接口等开发级的设计。

阶段输入:合同、需求分析报告。

阶段输出:系统总体设计。

关键控制点:①不同的设计内容要得到相应对象的确认,如体系结构要得到业主单位确认,用户界面要得到业务人员的确认,接口设计等要得到个与本项目相关单位的确认;②所有的确认必须是文字形式;③对需求的修改必须通过评审。

11.3.4　详细设计阶段管理

详细设计阶段是将系统设计的细化阶段,系统设计中定义的模块进行详细分析、设计。

阶段输入:需求分析报告、系统设计、编程规范。

阶段输出:详细设计。

关键控制点:①依据详细设计的模块规模及难度,调整开发计划;②由于项目进度紧张,所以根据详细设计结果,调整开发及部署时间,采取分模块开发、分模块部署的方法;③必须进行阶段成果评审。

11.3.5　编码阶段管理

编码工作是由单独的一个小组实施,按详细设计分模块进行。

阶段输入:详细设计、编程规范、需求分析、系统设计。

阶段输出:源代码、测试用例。

关键控制点:①编码按详细设计,分模块进行;②必须对源代码进行检查,检查其是否符合编程规范;③编码阶段要每周生成一个程序包,随时提交测试,不能待模块开发全部完成后再提交测试。

11.3.6　调试阶段管理

软件调试是由不同的组实施,应与软件编码阶段紧密衔接。单元测试一般可由开发人员进行,结束后由测试组再对模块进行功能集成测试,待所有系统开发部署完成后,再进行系统测试。

阶段输入:详细设计、编程规范、需求分析、系统设计、软件源代码、测试用例。

阶段输出:单元测试报告、集成测试报告、系统测试报告。

关键控制点:①测试组的测试用例必须通过项目组的评审;②对开发阶段每周生成的程序包要随时进行测试,不要待功能模块开发完成后再进行测试;③测试报告必须通过评审。

11.3.7　系统集成及试运行管理

在系统开发结束并通过内部系统测试后,系统将进入系统集成及试运行阶段。

阶段输入:系统文档、代码、规范、软硬件安装、操作、使用、测试、控制、维护手册。

阶段输出:系统试运行报告。

关键控制点:①制定系统集成方案,安装与部署软件系统;②在试运行过程中以招标人使用人员操作为主,相关技术人员技术支持、指导操作和测试;③系统通过试运行、测试双方签字。

11.3.8　测试与验收阶段管理

在系统试运行的同时进行系统测试,系统测试通过后将进入系统交付验收阶段。

阶段输入:测试大纲、测试方法、系统文档、代码、规范、软硬件安装、操作、使用、测试、控制、维护手册。

阶段输出:系统测试报告、设备及集成验收方案报告、书面通知书、系统验收报告。

关键控制点:①项目组制定系统测试方案,报业主单位审批通过。测试需与企业单位联合进行,由专业工程师、使用人员组成测试工作组。②在测试工作过程中以项目组使用人员操作为主,相关技术人员技术支持、指导操作和测试。③测试中如系统有任何部分发生故障,则测试重新开始,整个系统需整体通过测试。④项目组负责提供一式两份测试报告。该报告将成为系统验收的依据之一。⑤系统通过测试,由双方签字认可。⑥所有的技术文件由项目组准备,企业单位确认。⑦项目组将给企业单位提供一份详细的设备及集成验收方案报告。⑧由业主单位、项目组以及其他人员(有关部门、技术顾问、其他开发商)组成验收小组,负责对项目进行全面的验收。

11.3.9　交付及合同期内的内的维护管理

系统验收完成后,将转入系统交付正式运行,并进入合同期内的硬件保修期和软件保证期。

阶段输入:详细设计、需求分析、系统设计、软件源代码、系统验收报告、系统文档、代码、规范、软硬件安装、操作、使用、测试、控制、维护手册。

阶段输出:系统运行报告。

关键控制点:①系统通过试运行、测试双方签字后,转入正式运行;②在正式运行期间,应进行系统的复测;③系统交付。

项目组负责提出交付程序和交付日程表,报业主方同意后实施。项目组须按照计算机软件工程规范的国家标准分阶段提交相应文档。包括相关软件的源代码、完整的软硬件安装、操作、使用、测试、控制和维护手册。①项目组提供所开发软件的源代码。版权为业主单位所拥有,任何软件在保证期内如有升级版本,免费为甲方更新;②硬件保修期维护服务不收取任何额外费用。

11.4　本章小结

本章对铅资源循环利用信息服务平台项目的实施与管理进行了详细的说明。对项目管理的方法进行了简要的介绍,结合信息服务平台项目内容从项目策划、调研及需求分析、系统设计、详细设计、编码设计、调试、系统集成及试运行、测试预验收以及交付及合同期内维护 9 个阶段对本项目的实施与管理过程进行了高效率的计划、组织、指导和控制,从而实现了项目全过程的动态管理和项目目标的综合协调及优化。

第 12 章　平台质量保证、培训与服务

12.1　平台质量保证

本项目通过以下几个方面对系统开发的全过程提供完整的质量保证方案,以保证产品的质量。

12.1.1　质量管理标准

针对系统工程中的质量管理,主要依据 ISO9001 进行管理。

12.1.2　质量管理组织

在项目的管理过程中,通过质量保证组对项目质量进行监控,质量保证组与项目组相对独立,客观地检查和监控"过程及产品的质量"。质量保证组具有越级上报的权利,随时向高层报告项目的质量状况。

12.1.3　质量管理过程

针对本项目的质量管理可以分为两大部分:第一部分主要是质量保证组对项目各阶段的过程及产品质量的监控与评审,第二部分主要是完善质量保证组内部的管理机制,使其对项目实现有效管理。

(1)面向项目过程质量管理

1)制订质量保证计划。质量保证计划与整个项目的开发计划和配置管理计划相一致,在项目计划阶段予以确定,由项目经理及质量管理经理审批。

质量保证计划确定需要检查的工作过程和工作成果,估计检查时间和人员,确定各阶段相应的检查表。某些检查是周期性的,如:配置管理、需求管理等。

质量保证计划确定项目技术评审点、评审级别。

质量保证计划确定质量保证组参与测试的阶段、人员:如参与系统测试、验收测试。

2)过程与产品的质量检查。质量保证组按计划周期性或定期根据检查表检查项目的执行过程是否符合既定规范,如发现不一致,应分析原因并协助改进。

质量保证组按计划周期性或定期根据检查表检查项目的工作成果是否符合既定规范,如发现不一致,应分析原因并协助改进。

质量保证组记录检查中发现的问题,总结经验教训,通报给所有项目成员、上级领导及

相关人员。

3）问题跟踪与质量改进。对于各种方式发现的问题,都将建立项目问题日志,通过项目日志,跟踪问题解决的过程,记录问题状态,直至问题被解决为止。项目日志由质量保证人员负责维护和跟踪。

质量保证组识别出在项目内难以解决的质量问题,将问题递交给上级领导,由上级领导给出解决措施。

质量保证组分析机构内共性的质量问题,给出质量改进措施。

（2）面向质量管理组的管理规程

1）质量管理培训。参与者的了解是过程能得以贯彻的保证,因此对所有参与者实施培训是保证实施质量的关键。为此项目成员都要接受有关质量管理工作的培训,培训的内容是质量管理过程和项目的质量管理计划。

2）质量状况监督。质量管理状况监督的目的在于改进质量保证过程,提高项目的质量。

质量管理组通过统计质量保证工作所花费的工作量、项目问题数、产品缺陷率、代码BUG 数等信息。汇总分析项目的质量状况,汇报给项目经理和公司高层经理。

12.2　信息服务平台培训工作

12.2.1　培训目的

为企业提供对所有硬件产品、随机系统、软件产品、系统集成、开发技术及工具等在内的全部免费培训,考查设备供应厂商、系统集成商的技术,使培训人员全面了解整个系统,认识主流产品和主流技术的发展,熟悉和掌握系统管理的相关知识,熟悉各种设备和软件的原理、操作方法和使用方法,熟悉系统和设备的日常维护工作,有能力判别、处理一般性问题,从而避免系统因使用或操作不当所引起的故障,减少突发故障的发生。

为企业提供对所有硬件产品、随机系统、软件产品、系统集成、开发技术及工具等在内的全部免费培训,培训包括技术人员培训、业务系统培训,使业主的系统管理人员（技术管理人员和相关业务管理人员等）以及系统操作人员（设备操作人员、系统维护人员等）。通过培训掌握以下技能:①通过对设备供应厂商、系统集成商的技术考察,对整个系统有全面了解,对主流产品和主流技术的发展有良好的认识;②熟悉和掌握系统管理的必要知识和管理程序;③使系统更好地为企业管理业务服务;④通过现场培训和集中培训,熟悉各种设备和软件的原理、操作方法和使用方法;⑤胜任系统和设备的日常维护工作,有能力判别、处理一般性问题;⑥避免系统因使用或操作不当而引起的故障,减少突发故障的发生。

12.2.2　培训策略

培训的组织和计划是项目成功实施的关键因素,也是项目管理与质量保障体系的重要部分。我们根据在以往同类项目实施经验以及对本项目的需求分析,制订了如下的培训策略。

（1）培训人员的分类

培训包括技术人员培训、业务系统培训。因此,本项目培训人员分成两类:

第一类是业务人员,培训的目的是使他们掌握操作技能,能够熟练利用系统软件处理业务工作;

第二类是技术人员,培训的目的是使他们不断更新知识,提高技术水平,熟悉设备的性能,进行实际的操作和故障处理,保证系统正常运行。

（2）对培训人员要求

为保证培训的质量,因此对培训人员有基本的要求,具体要求如下:

1）业务人员应该具有基本的计算机操作能力,同时应是参与具体业务处理工作的一线人员,在人员数量上没有限制;

2）技术人员应该具备基本的计算机知识及系统的安装、维护能力。

（3）教材

根据培训人员和系统分类,将采取编制专业、完善、可操作性强的指导教材和利用公共教材相结合的策略。

对于技术人员,一般采用专门编制的、完善的、可操作性强的指导教材,使得操作人员通过培训这个环节将技术、使用和管理有机地结合起来,保证系统的维护人员可以承担起日常的维护管理工作,而且将教材作为日后维护的备查手册。

（4）培训教师

为企业配备具有相应专业的实际工作和教学经验的教师和相应的辅导人员,进行相关人员培训。

（5）现场培训

培训目的:在设备的安装调试、故障处理过程中,由有系统软、硬件安装人员在现场对企业人员进行实际的操作和故障处理进行指导和对有关问题进行解答。

培训对象:系统技术管理人员。

培训内容:①具体岗位的系统操作;②对应岗位的数据维护;③常见故障的判断和排除。

培训要求:加深对系统的操作的认识程度和熟练程度,以便在以后的系统操作和使用中更加熟练。

培训教师:系统安装工程师。

培训地点:实施现场。

培训方式:现场讲解与指导。

培训时间:整套设备安装、调试完成后。

（6）系统管理与维护培训

培训目的:系统管理与维护培训是主要针对本项目的系统管理员的专门培训,是保障整个系统正常运行必不可少的重要环节。

培训对象:系统管理与维护人员;培训时间:根据实际需要确定。

12.3　技术支持与服务计划

12.3.1　技术服务体系

在项目实施过程中必须有一整套技术管理制度作为质量保证。本项目所涉及的技术服务,专指项目实施以及系统正常运行所必须的,关于系统软件、主要设备和管理等方面的技术支持与服务。

12.3.1.1　服务目标

按照要求,派遣有经验的技术人员组成的工作小组到现场实施技术服务,包括软硬件设备安装、测试和培训服务,开展技术服务的相关工作。其中,技术服务工作,必须保证项目顺利实施;系统建成后,系统功能必需完全满足合同要求,用户能够正常使用;用户的人员得到专业化的培训和详细的技术指导;项目实施方向用户提供详细的技术资料给予技术方面的支持。

12.3.1.2　服务范围

针对用户的相关需求,为用户提供维护、咨询、诊断、优化等服务。

12.3.1.3　技术服务与支持

技术服务与支持作为项目实施的延续,与项目实施有着密切的联系,因此我们团队在从事软件开发和系统集成工作中总结出一套完整的技术服务制度,并在实际工作中严格贯彻执行。

12.3.2　技术支持与服务的分类

为了及时了解和准确掌握运行系统需求、意见和建议,不断提高服务质量,工程师需与系统的维护人员建立紧密的联系,进行不断地沟通,对系统的运行状况有及时和全面的了解。

试运行阶段:派专业工程师现场监督系统的运行,随时将其所发现并掌握的有关设备的操作、故障检测、故障排除方法及所涉及的一些新的技术发展通知系统维护组,并现场支持指导维护组对所涉及的设备进行升级服务,并在升级过程中提供技术支持、人员服务及升级所需的文字说明。

正式运行期:通过专职维护人员为用户提供操作级和维护级的支持。

为本项目提供的支持与服务包括:

(1)硬件设备技术支持与服务

1)系统安装。

2)系统初始化配置。

3)设计系统备份/恢复方案。

4)设计系统安全管理制度。

5)系统故障排除。

6）系统性能评估、优化。

7）应用系统的安装调试。

8）硬件系统的单机测试。

9）整体系统的集成测试。

10）硬件设备的安装及使用的现场指导。

（2）系统软件产品技术支持与服务

1）系统安装。

2）系统初始化配置。

3）系统故障排除。

4）系统性能评估、优化。

5）设计系统安全管理制度。

6）系统软件与应用系统的调优。

7）系统软件的安装及使用的现场指导。

（3）应用软件技术支持与服务

1）系统安装。

2）系统初始化配置。

3）系统故障排除。

4）系统性能评估、优化。

5）设计系统安全管理制度。

6）个性化的调整。

7）应用系统的安装与使用的现场指导。

12.3.3　技术资料

12.3.3.1　总体要求

为企业提供的全部技术资料用中文编写,保证资料准确、清楚、完整,满足系统安装、调试、运行、维护的需要,并与移交时的系统一致。

12.3.3.2　资料清单

为企业开发提供开发工具、开发软件的源程序、相关图表、完整的软硬件安装、操作、使用、测试、控制和维护手册,如需求分析报告、框架设计报告、数据库物理及逻辑设计报告、详细设计报告、编码规范及技术选型报告、测试报告、系统部署和发布报告、集成方案、软件用户使用手册、系统维护方案和操作文档。其中:

（1）《系统和操作手册》包括以下部分:①操作系统安装;②系统生成;③系统管理;④软件维护;⑤硬件安装和维护,包括《诊断手册》,故障排除过程表;⑥《硬软件手册》;⑦分布设计图。

（2）《用户手册》包括以下部分:①《应用系统使用手册》;②《操作系统参考手册》;③《数据库管理手册》;④系统交付方法;⑤系统交付日程表。

12.4　本章小结

本章从质量管理标准、质量管理组织及质量管理过程 3 个方面对平台开发的全过程提供一套完整的质量保证方案,并针对铅资源循环利用的业务特征及过程为各涉铅企业制订了包括所有硬件产品、随机系统、软件产品、系统集成、开发技术及工具等在内的全部培训策略及服务计划。